サトちゃんの

イネつくり作業名人になる

ラクに 楽しく 倒さない

佐藤次幸 著

JN320351

農文協

実況中継

イナ作作業名人になる

実況中継

荒起こし（耕起）

本文
57ページ
参照

まず，作業機幅を測って何列で耕し終えるかを計算し，周回耕3列とって，耕す列が奇数の場合は入口の反対側から耕し始める。下図がそのコースどり

ターンのときはギアを落として回り，直進に入ったらギアを上げる

荒起こしのコースどり

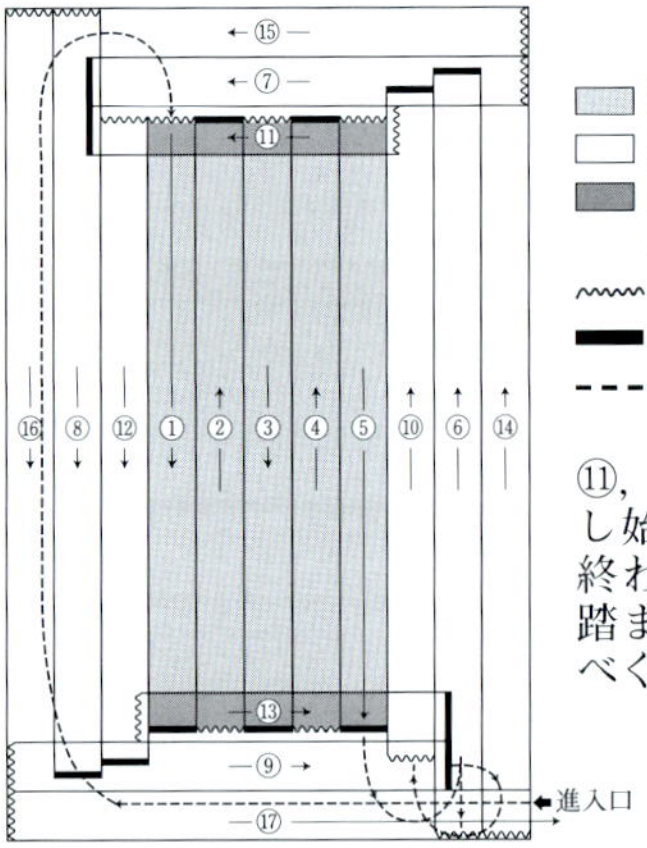

●スタート位置の目安の枝

隣接耕
周回耕
隣接耕と周回耕の重なり
耕うん開始
耕うん終わり
空走り

⑪，⑬は隣接耕の耕し始めにできる山と終わりにできる谷を踏まないようになるべく内側を走る

四隅まで耕盤を平らに仕上げる技

②目的の深さまでロータリが下がってから，ゆっくりと前進

①ロータリの均平板がアゼに乗り上げるくらいまでバックし，停止してロータリを回しながら下げる

周回耕に入ったら，残った3列は，アゼ際列をきっちり作業機幅残してから，「中→内→外」の順で耕していく。これはアゼ際耕起の際に，タイヤを耕起跡に落として作業機の水平がとれなくなることの防止策

耕盤を凸凹にしてしまう原因

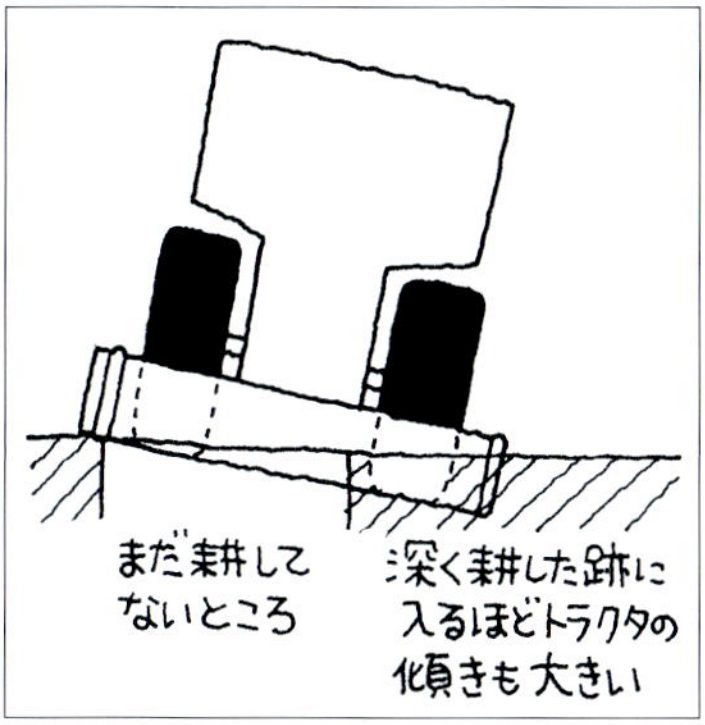

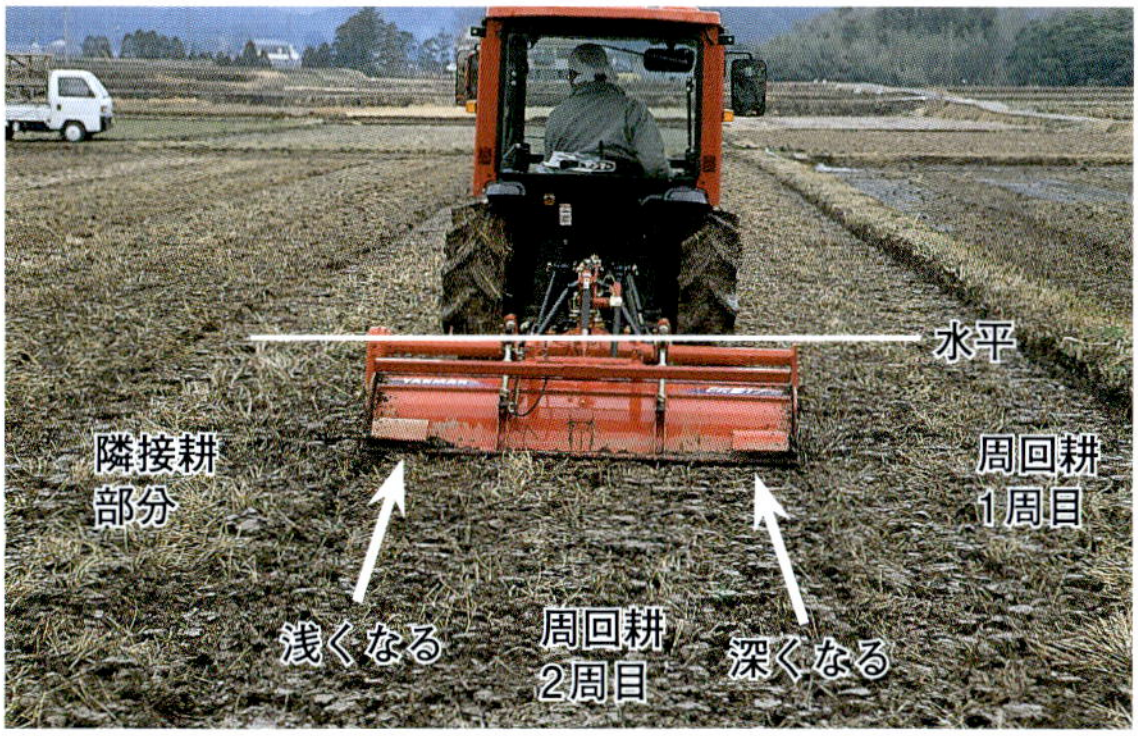

片方のタイヤが耕起跡に落ちると斜体が傾き，モンロー（水平制御装置）が装備されていない機種では耕盤を斜めに耕してしまう（上）
耕した跡の土の色に違いがあるようだと，耕盤に凸凹ができている証拠（下）

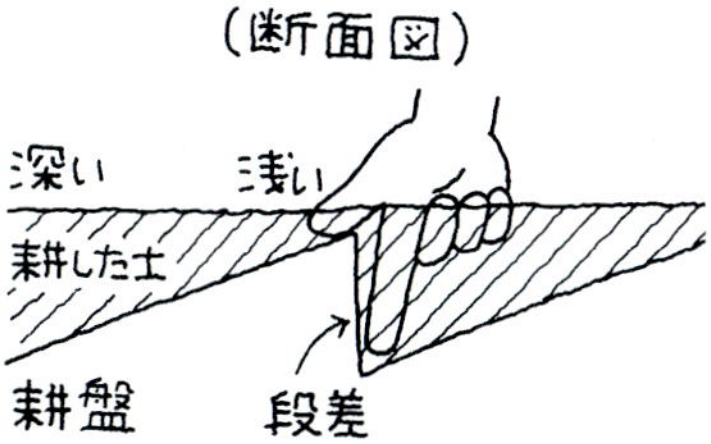

実況中継
代かき

本文
66ページ
参照

2列分
あける
荒代スタート

この田んぼの幅は，ドライブハロー8列分だから，隣接耕4列，周回耕2列。アゼから2列残して隣接耕からスタート

代かき水が多すぎると

深くもぐりすぎ
土が寄る

ドライブハローが深く入り，土がドンドン寄ってしまう

代かきにちょうどいい水量。
これでも手前は多いくらい

荒代かきのコースどり

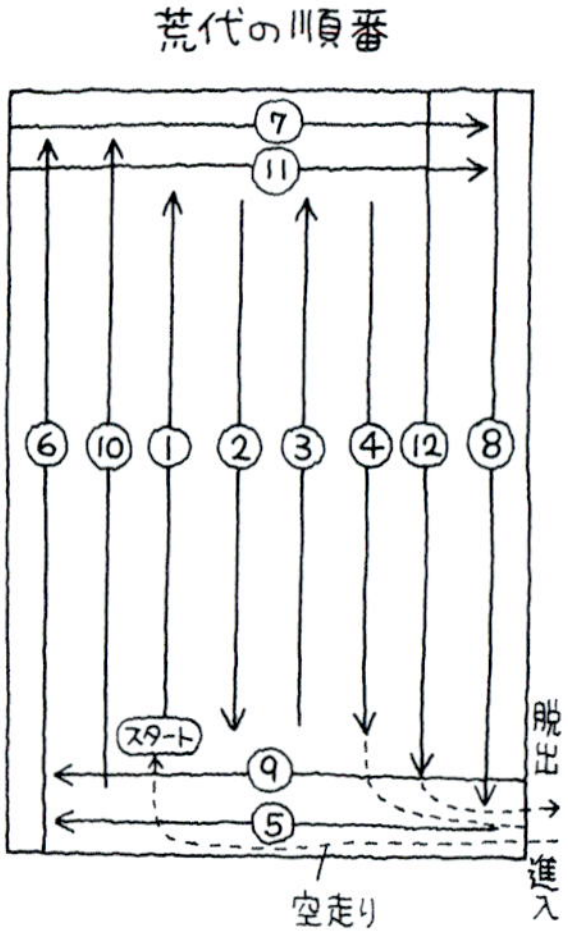
荒代の順番
7
11
6
10
1
2
3
4
12
8
スタート
9
5
脱出
進入
空走り

スタート位置は「枕地の長さ÷田植え機の幅」が偶数だったら奥から。植代は荒代の逆方向で回る

荒代かきでは土盛りを残せ

小さい土盛りでできた線

荒代の隣接耕は，わざと隣の列と重なるくらいに走り，植代の目安にする線（土盛り）をつける

荒代かきの順番

黄色矢印は隣接耕，白色は周回耕

出口

表面も耕盤も平らに仕上げる技

内側は深く
掘ってしまう
土が外側に
寄せられる

①旋回時にはドライブハローを上げる（ロータリでも同じ）

コーナーを回るときはかなり遠心力がかかるため，作業機が傾いて土は外側に寄る

②アゼ際は，トラクタを止めて，ハローを回しながら下げ，ゆっくりスタート

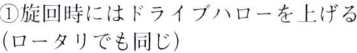

田植え

本文79ページ参照

エンジンを切って苗補給作業。妻は苗箱を予備載せ台に置くだけ。苗とり作業は私が行なう。静かだから気分もいい

植えるときは遠くを見つめ，決してハンドルを動かさない

田植えの手順とコースどり

①棒を，目標としてアゼ際から田植え機幅1.5培の位置に立てる

②田植え機につけた長い竿（田植え機の幅）を伸ばし，その先端がアゼ際ギリギリとなる位置から，反対側の棒を目標にスタート

③2列めからは，風車マーカーの跡と田植え機の真ん中をあわせて植えていく

①
②
③
④
⑤
⑥
⑦
周回植え

四隅まで田植え機でOK ！

アゼ際ギリギリまで植える技

手植え部分をゼロにするための技。ほんとうにラクになる

まっすぐ下ろす
アゼ

ゆっくり前進
アゼ際ギリギリまで植えられる

母ちゃんを喜ばすもう一つの工夫

トラックに取り付けた苗置き台。トラックの苗コンテナから出すときも一時的に置けるからラク

本文
99ページ
参照

四隅とアゼ際まで機械で刈る

収穫のコースどり

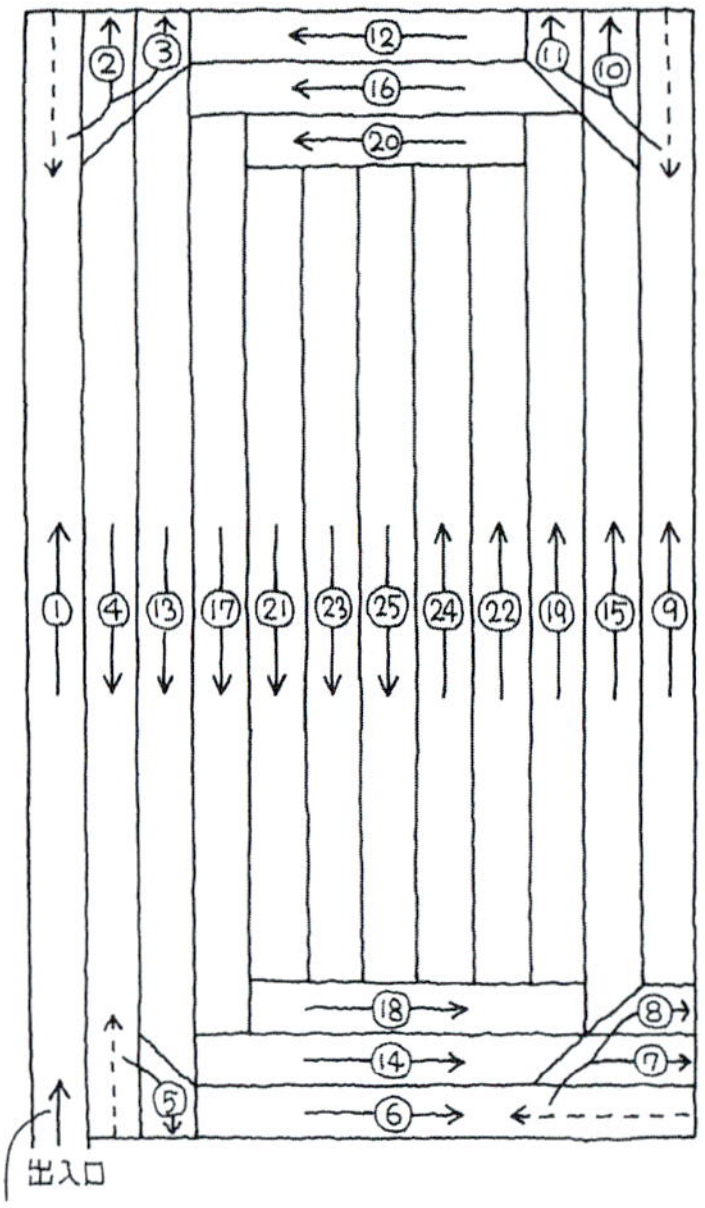
出入口
田んぼに入ったらそのまままっすぐ刈るので
手刈りする必要はない

四隅の刈り方（右写真）

1. 四隅は「刈り上げ刈り」でアゼ際まで刈り（①），15mほどバックして②を刈る
2. ②を「刈り上げ刈り」したら少しバックして③を斜めに刈る
3. バックで旋回してターン

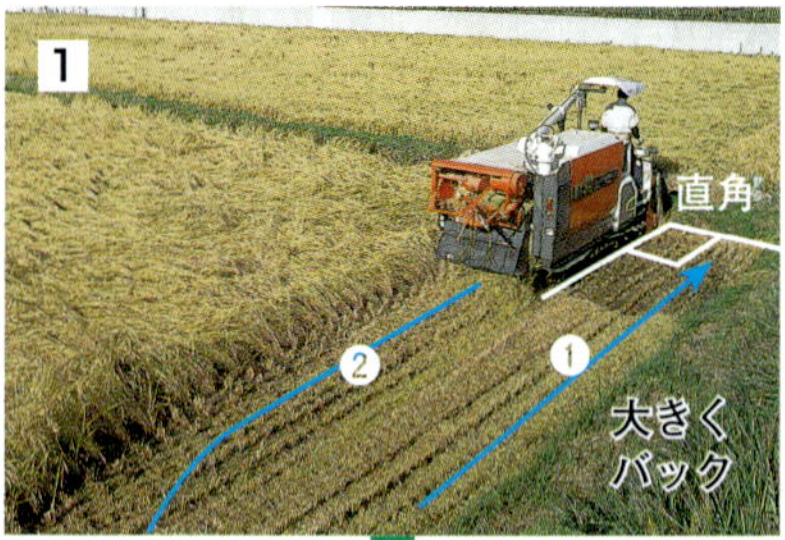
1
直角
大きく
バック

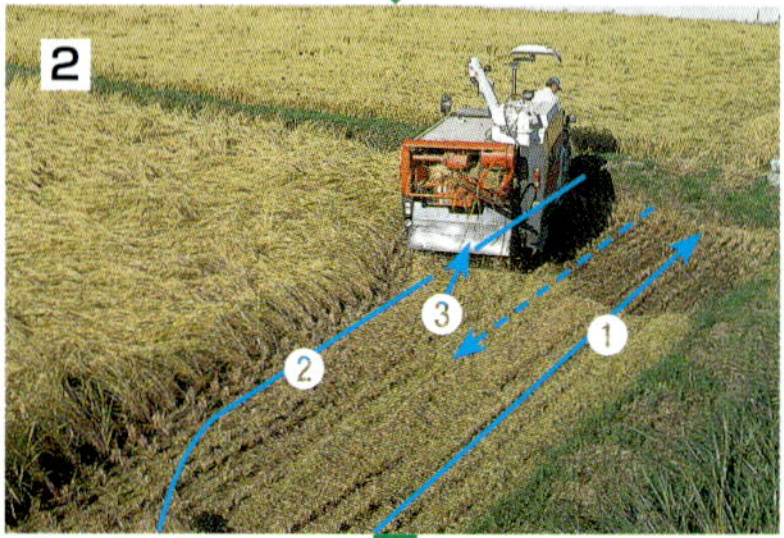
2

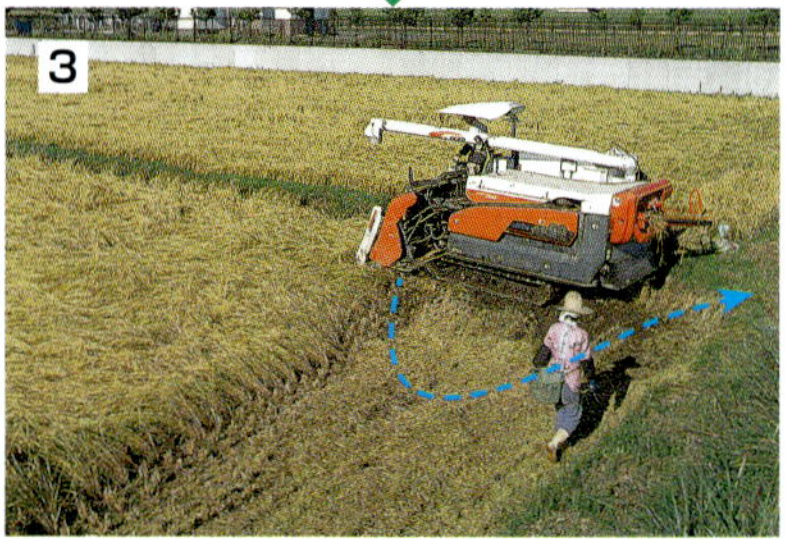
3

手刈りをなくす「刈り上げ刈り」の技

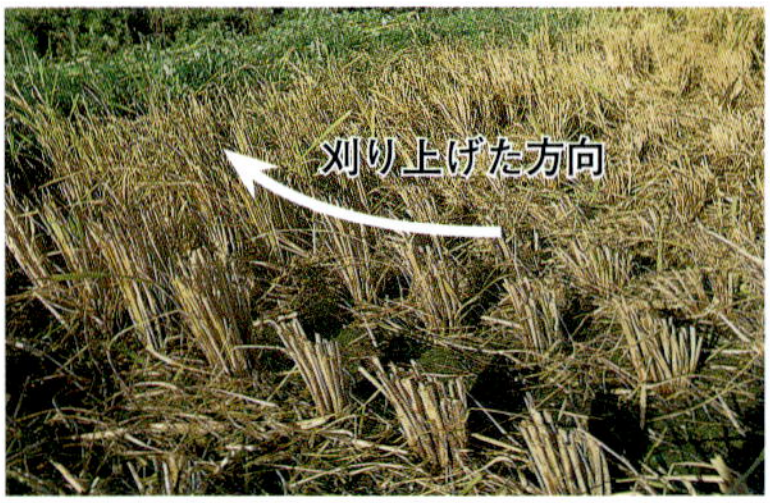
刈り上げた方向

徐々に上げる

アゼ際に近づいたらスピードを落とし，刈り取り部を徐々に上げ，最後はアゼに乗り上げるようにして刈り上げる

現代の「ケチ」はラクラク作業に通ず——まえがきにかえて

私は、福島県会津地方、北塩原村の農家。父が公務員だったため、二十代半ばで農業を継いだ。自作・小作地での水稲栽培は四・七haだが、作業受託を加えると、田植え面積は八・七ha、刈り取り面積は一〇・七ha。委託作業を頼まれた田んぼは約一〇カ所に点在し、五〇筆を超える。その区画も土壌条件もさまざまである。

米つくりの先輩たちのように、反収一三俵も一四俵もの多収穫をあげているわけではない。頼まれた田んぼも含めて、平均反収八俵を割ることはない程度である。そんな私が、ひょんなことから月刊『現代農業』誌に、イネの作業をめぐって「サトちゃん」として紹介され、いろいろな反響をいただくことになった。聞くと、農業機械は進歩したというのに、ラクになるはずの農作業で苦労している人がなんと多いことか。ラクになることをあきらめている人が多いことか。

■母ちゃん泣かせて何の機械化だ

はたと気がついた。農業機械の販売員は機械性能についての説明はしてくれるが、自分の田んぼでどううまく使えるのかについて、親身になって教えてはくれない。機械を利用する今のイナ作作業について、具体的に教えてくれる人がどこにもいないのだ。高性能農業機械を持っていても作業のやり方は昔どおりで、性能が高くなったぶん、人手による周辺作業はますます大変になる。機械に乗っている本人は、エアコンのきいたキャビン付きトラクタの中で快適でも、田んぼの出入口の土ならしや苗運び、欠株の補植、刈り取りのときの四隅刈りなどの重労働を、母ちゃんたちに全部押しつけて、父ちゃんは知らぬ顔をして田植え機やコンバインに乗っている。

おかしいね。力持ちの男が何にもしないで、機械に乗って指図するだけ。そんな光景を見るたびに、女性が機械に乗って田植えしたり、イネ刈りしたりすればいいじゃないかと思ってしまう。もうそろそろそんなイネつくりはやめようじゃないか。

■「ケチケチ」精神で「常識」をひっくり返す

どの地域にも「イナ作指針」があり、必要な肥料や農薬など施用量・施用時期、病害虫の発生時期、さらには時期別の作業にいたるまで大変親切である。しかし、この親切さがおかしな「常識」(=思い込み)となって、われわれ農家を無意識のうちにしばりつけている。たとえば深耕、ていねいな耕起や代かき、欠株がでないようにと多めの播種量、芽出し作業……一つ一つの作業に「常識」がこびりついていて、ベテランはなかなか抜けだせない。毎年、その作業に苦労していても「こんなもんだ」ですませてしまう。疑問も感じない。農業をやり始めて日が浅い人は、「常識」もない代わりにやり方もわからないから、一所懸命だけど自己流の滅茶苦茶。『現代農業』で出会った「耕作くん」はまさにそんな青年だった。

ベテランなら、「常識」をひっくり返してみれば、作業はうんとラクになる。新しくイネをつくり始める人なら、「常識」には耳を貸さず新しいイネつくりとイナ作作業に挑戦してみればいい。

「ケチ」に徹することである。「ケチ」という言葉は響きがよくないが、要するに

妻の紀子さんと筆者

「合理的」にいこうということだ。自分の目で効果の違いがないのであれば、重いものは軽く、高価なものは安価なものに、手間がかかる作業であれば不要なものは省略し、どうせやらなければならない作業なら、ひと手間かけてついでに三つも四つもの効果をねらう。

本書は、イナ作作業の順を追って、春の田んぼの準備から秋の刈り取り、乾燥調製までの作業のやり方を追った。各作業の冒頭には、「サトちゃんの目」として、私自身が私の田んぼとイネの育ちを見ながら確認した作業の着眼点と作業のコツをかかげた。これは、「常識」に対する私の見方である。

誰も教えてくれないのなら、全国の農家の母ちゃんたちに笑顔を取り戻すために、機械利用の裏技も含めてイネつくりの作業技術を書こう、役立つことがあったら取り入れてほしい、そんな思いで本書を上梓することにした。

ただ、私が生まれ育った土地での限られた経験だから、もっと別の方法だってあるかもしれない。本書をきっかけにして、全国の農家同士で経験と知恵の交流ができれば幸せである。

二〇〇九年一月

著者

目次

作業の実際　田んぼの準備編

作業の実際　田植え編

作業の実際　田植えしてから収穫まで

穂肥振り

収穫

作業の実際 収穫後の作業編

作業名人への道

ラクラク作業　三つの心構え

ラクラク作業とはいっても、米がとれなければ話にならない。納得できる収量がとれて、体がラクで、金もかからず、イライラもないイナ作作業を考えると、ポイントは次の三つ。

その1　一〇俵以上とろうと欲をかかない

どうせイネをつくるのなら、できるだけたくさんとりたい。しかし、そこに大きな落とし穴がある。これまでの慣行イナ作は、植え込み株数も多いし、一株の植え込み本数も多い。反収一〇俵ねらって結局七～八俵、おまけに資材費も手間もかかる。それくらいなら、最初から八俵ねらいでいけば、気持ちはうんとラクになる。基本的に疎植でいく。どんな年でも八俵はかたい。お天道様しだいでは一〇俵、なおかつ、経費も手間もかからない。

むりはしないことだ。格好良く書けば「イネの生理・生態をおさえたイナ作設計」とでもなろうか。これについては、次項でサトちゃん流ラクラク作業のためのイナ作設計を公開する。

作業名人になる３つの心構え

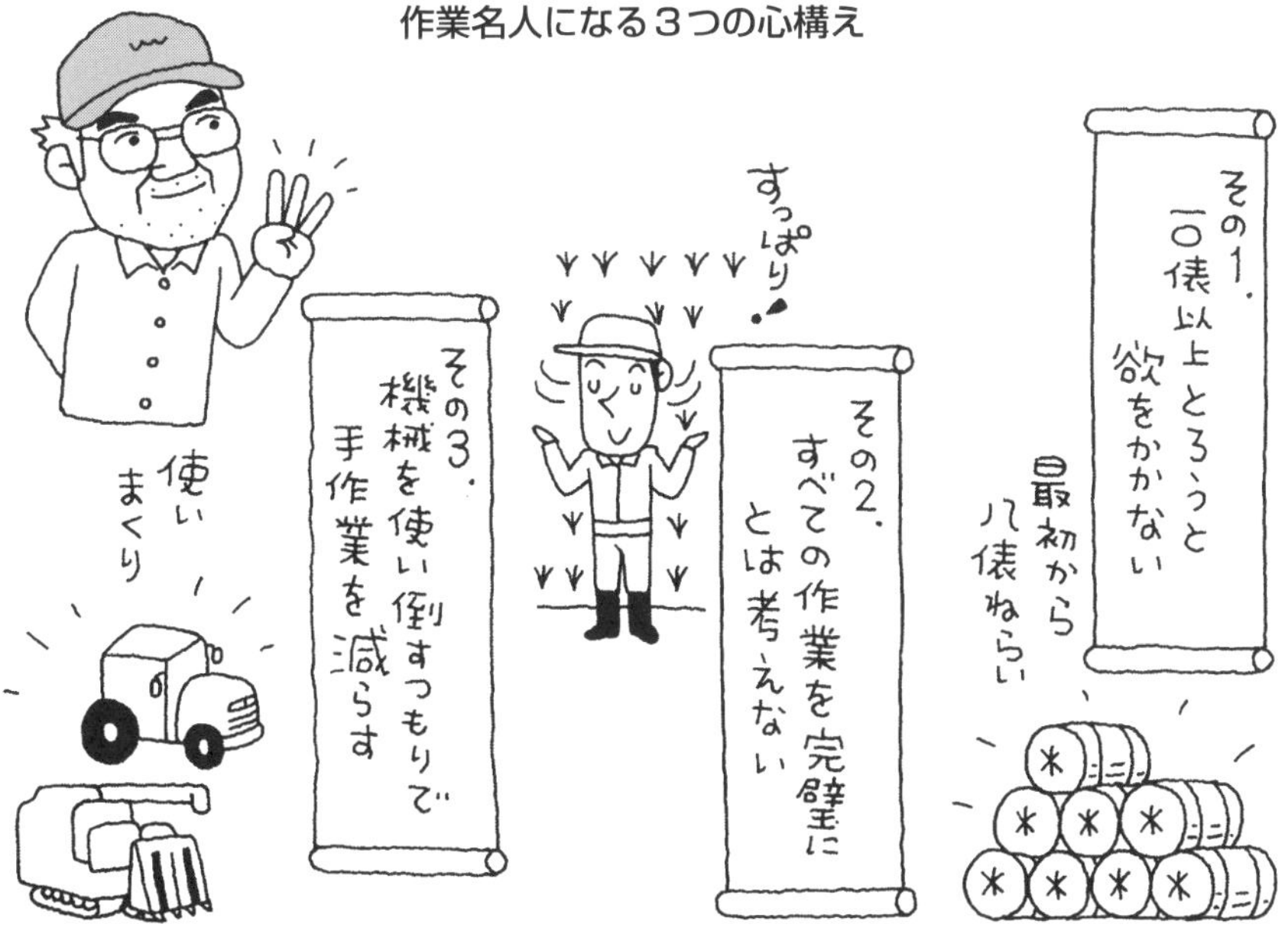

その２　すべての作業を完璧にとは考えない

どんな地域にも名人はいる。一四俵も一五俵もの多収を実現している人、いつ見てもていねいな作業で田んぼが美しく管理されている人……。しかし、やみくもにそんな名人のまねをしてもむだである。米つくりの作業は、その人が目指すイネつくりの目標と密接につながっている。この際、八俵とれればいいという目標に沿って、作業の意味と目的を明確にした作業技術に徹して、ある作業は不十分でも、次の作業で補える範囲であれば、すっぱりとあきらめる度胸が重要だ。むだにていねいな作業は、かえってイネをだめにするからである。

その３　機械を使い倒すつもりで手作業を減らす

機械は、本来人間の手の延長だ。農機具メーカーは嫌がるかもしれないが、徹底的に人間の手の延長として働いてもらう。田んぼの四隅の手植えや、刈り取りなど、家族にやってもらうのが当たり前だと考えているようでは話にならない。機械の故障をおそれて、家族に負担をかけるようでは本末転倒である。手作業をゼロにするつもりで機械を使いまくる。当然、刈り取りのときなど土を噛むこともあるが、洗えばいいのだ。洗ったあと、きちんと油をさしておけばいいのだ。

機械を使いすぎたから故障した話など聞いたことがない。大体、機械の稼働時間をアワメーターで確認している人は何人いるだろうか？　機械に付いている取扱説明書に各部品の耐用年数が書いてある。その耐用年数と稼働時間を勘案して部品交換をし、チョコチョコと手入れをしておけば、作業中のトラブルはない。これで、時間・金の浪費と精神的イライラはなくなる。

横道にそれるが、たとえばコンバイン。あなたは一年三六五日のうち何日使ってる？　三日間？　一日に稼働しているのはせいぜい四～五時間だから、一年間にわずか一五時間程度。眠っている時間が九九％である。それで壊れるのがおかしい。使って壊しているわけではないのだ。

手間も金も労力も最小限のイナ作設計

さて、心構えができたところで、話をサトちゃん流ラクラク作業のためのイナ作設計に移そう。

どんなイネつくりであっても、作業の仕組み方や作業のやり方一つで、かかる手間も金も労力も大きく変わる。だから作業技術の上手下手は重要なのだ。しかし、もっとラクに、もっと楽しく米をとりたいと思うのなら、栽培法を変えてみることをおすすめする。

私のおすすめは、できるだけイネ自身にお任せしようというイネつくりである。それで八俵を下回ったことはないから、要は「腹のくくり方」だ。

その1　イネにお任せするイナ作設計に変える

自分は何俵とろうとしているのか？　そのためにはどんなイネに育てばいいのか？　そのイメージトレーニングができていないと、周りの先輩たちからの「育ちが悪いんじゃないか」「茎数が足りんなあ」といった声に、一喜一憂することになる。まして、日頃の管理を任され、そんな声がより大きく耳に入る母ちゃんたちは大変だ。そんなことで母ちゃんを悩ませてはいけない。そこで役立つのが、イネの収量構成要素という考え方だ。

コメの収量は、玄米の数と玄米の重さで決まる。それを支えるのが、坪当たりの穂数、一穂当たりの粒数、登熟歩合（整粒の比率）、千粒重である。それがわかると、八俵なら八俵の、一〇俵なら一〇俵の目標が決まる。たくさんとろうと思えば、その数値は高くなるし、栽培もむずかしくなってくる。私の場合は、安定して八俵とれればいいやと腹をくくった。

次ページの図が、私が描いているイネの生育イメージ。図のカーブは、一株の茎数のふえ方、点線は葉っぱのふえ方、四角で囲った数字は、先ほどの収量構成要素である。すべてがこのとおりになれば確実に八俵とれる勘定だ。

ラクラク作業のためのイナ作設計

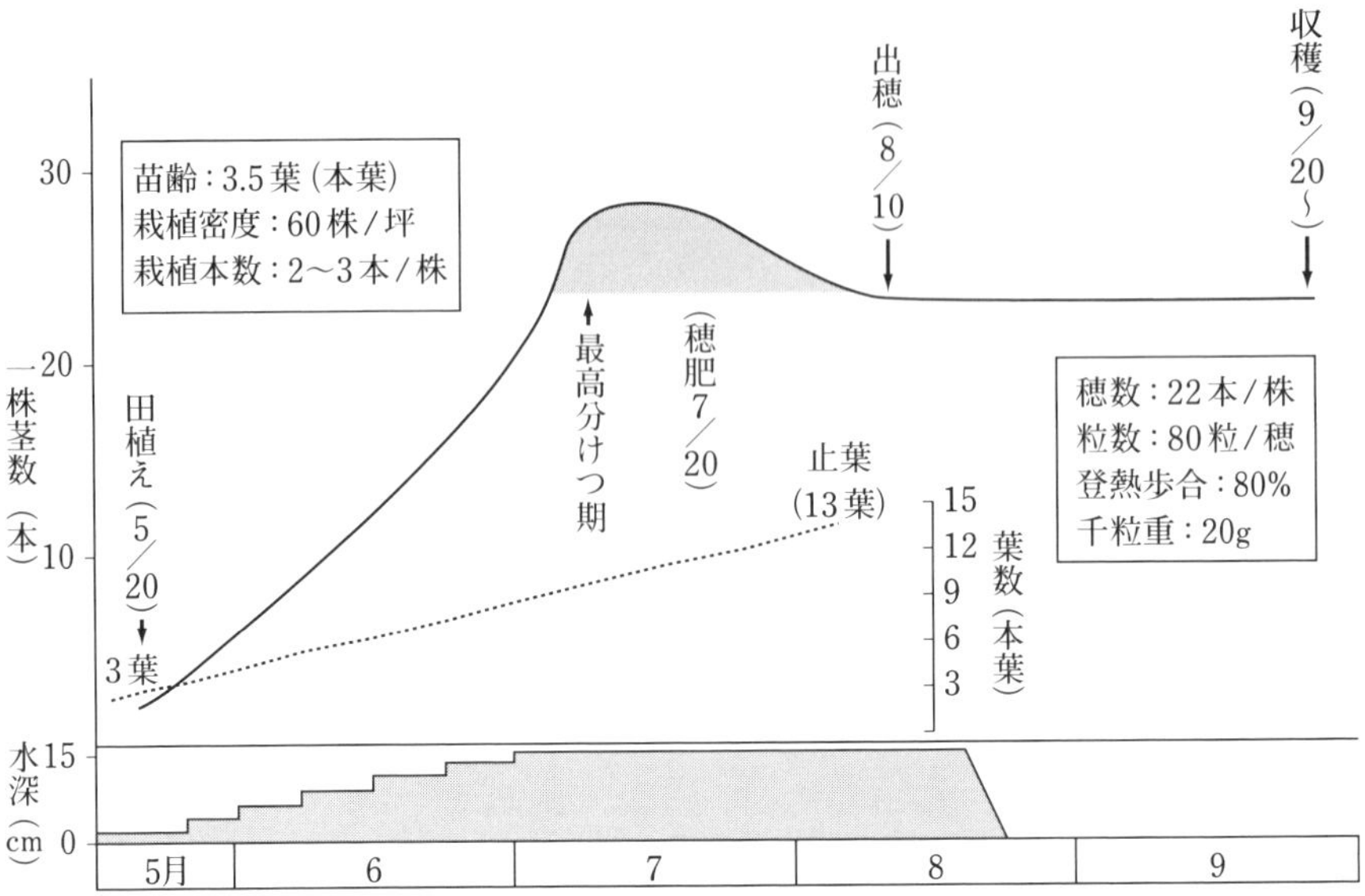

その2　六月下旬、目標穂数の八割の茎数で十分

注目したいのが六月下旬の茎の数。私は例年五月二十日あたりに田植えするが、ちょうど田植え後一カ月にあたる。この時期、目的とする穂数の八割の茎数がとれていれば十分だ。私の場合だと、目標が二二本だから、一株には一六本ていどの茎があればいい。それより少なくても焦ることはない。田んぼは非常に寂しく見える。しかし、それでいいのだ！　と腹をくくることである。

早めに田植えしたイネはこの時期、ガンガン分けつして、一株四〇本近くまで茎数をふやし、緑の葉っぱをなびかせている。肥料を振らなくちゃ……と焦ってしまう。実は、そこが「運命の分かれ道」である。肥料は苦労を引き連れてくるのだ。

一回でいいから、刈り取りのときに、穂数を数えてみるといい。立派に育ち、六月中～下旬にたくさんの茎数があったイネも、結局は似たような穂数しか残っていない。ひょっとしたらもっと少ないかもしれない。あれほどたくさんあった茎が、穂を出せないまま消えてなくなっているのがわかるはずだ。

根拠のない一時しのぎの安心のために、母ちゃんを不安にさせるほど馬鹿なことはない。茎数をふやそうとすると、いろんなところにむりがかかる。六月下旬に一株一六本――この目標であれば、茎数をふやそうと焦らずにすむ。そう覚悟すると、あらゆるものがうまく回る。

七月上旬、私のイネは周りより一週間以上遅い最高分けつ期を迎える。六月下旬にはあれほど寂しく見えたイネも、この時期、一株三〇本を超えている。しかし刈り取り時の穂の数は二二本。せっかくでた茎がいつの間にか消えているのだ。この無効茎をもっと減らせないかと、播種量の検討を始めている。

その３　播種量減らして、金・手間・焦りをなくす

合理的「ケチケチ精神」をいかんなく発揮させる場面が育苗である。右ページの図でわかるように、一株に植え込む苗数は二～三本、坪当たりの植え込み株数も六〇株。少なく植えるわけだから、必要な種モミの量は減って、かかる経費も安くなる。

試算してみよう。

私の場合、乾モミ一箱八〇～八五gの薄まきで、田植え機のかき取り幅最小。坪当たり六〇株植え。一〇a当たりの育苗箱数も一二箱（実際にはこれでも余る）ですむ。種モミの量はふつうの半分以下（一〇a当たり一・三五kg）となり、一三五〇円かかる種モミ代金が六〇〇円ちょっとですむ。箱数が少ないから、準備する育苗培土の量だけでなく、肥料代や高価な箱処理剤も少なくてすむ。おまけに

合理的ケチ精神の発揮のしどころ

育苗箱を運ぶ手間、並べる手間、田植え機に積み込む手間も大幅に減る。

薄まきすると欠株がたくさん発生するのではないか、と心配になるかもしれない。しかし、育苗培土の詰め方、種子のまき方、田植え機の点検によって十分にカバーできる。欠株が発生すると、播種量や田植え機のせいにしてしまいがちだが、お門違いである。最新型の田植え機に替えても、育苗箱への培土の詰め方と播種機が元のままであれば、欠株が多発してしまう。金をかけるのなら、むしろ精密に播種できる播種機のほうだ。

その4　補植はしない

そもそも、あるていど欠株が発生してもなんら問題はない。隣のイネが茎数を増やして補ってくれる（補償作用）。補植はむだである。

田んぼに余った苗を残していると、ついついその苗を使って欠株のところには苗を植え、一本の株にはもう数本と補植してしまう。私の場合は、家族に補植の苦労を強いるくらいなら補植はしない。余った苗は翌日のために家に持ち帰る。極端なことを言えば、余った苗はひっくり返してアゼ際に埋め込む。田んぼに苗が残っていると、ついつい補植したくなるのがわれわれ農家だ。

もう一つ、播種量を減らしたがゆえの御利益もある。天候によっては、田植え適期を逃しがちになる。委託農家の田を優先して植えていくから、年によっては田植えが五月下旬までかかることもある。しかし、そんなときでも薄まきしていると余裕がある。田植え日が延びても、苗の老化を最小限に抑えることができるからである。イライラする必要がないから、気分がラクだ。

サトちゃん流　イナ作作業の原則

イナ作の作業は、春の耕起作業に始まり、代かき、育苗、田植え、除草、アゼ草管理、水管理、施肥、防除、収穫・調製と、細かく拾い上げればきりがないほどたくさんある。それらの作業には必ず機械がかかわってくる。

個々の作業をどう合理的に進めるかについては後で詳しく紹介するが、実は作業の背景にある目には見えない部分がとても重要になる。ここではもっともこだわっている作業の基本と、その作業をラクにしてくれる水田ならではの着眼点をまとめておこう。

その1　とにかく耕盤を平らに

私が最もこだわる作業が、「田んぼの耕盤を平らに仕上げる」ということである。

「耕盤」とは、耕起作業や機械の重さによってつくり出される、耕された作土層と心土層との境にできる盤のことで、すき床と呼ばれることもある。田んぼ全体にわたって、この耕盤の凹凸をなくしておくことが、その後のイナ作作業のしやすさと、イネの生育の均一性を保証してくれる。

もし、耕盤に凹凸が残っていれば、その耕盤の上を走って作業する代かきもやりにくいし、田植え機もその凹凸に車輪をとられることになる。作業能率は悪いし、まっすぐに植えることもむずかしい。当然、欠株や転び苗もでる。おまけに植え付けの深さも一定しない。

耕盤の均平は、イネの収穫までその影響が続く、イナ作作業の根幹となる作業である。

耕盤は、表面から見ただけではわからない。田んぼ表面の見た目の平らさばかりが気になるが、それ以上に大切なのは、実は目に見えない耕盤の平らさである。

今のトラクタとその作業機の性能は、馬力の大きさはもちろん、水平制御、耕深の制御など、かつてとは比べものにならないほど改良されている。しかし、それに頼りきってしまうと、性能をいかすどころか、かえって問題を残すことにもなってしまう。

その2　耕す深さは一〇cmで十分

イナ作には「一寸一石」という篤農家の教えがある。しかし、昔の名人のように作業を一つ一つていねいにやっていくのなら土塊も大きく、土壌中に空気も入って

ラクラク作業のための４つの原則

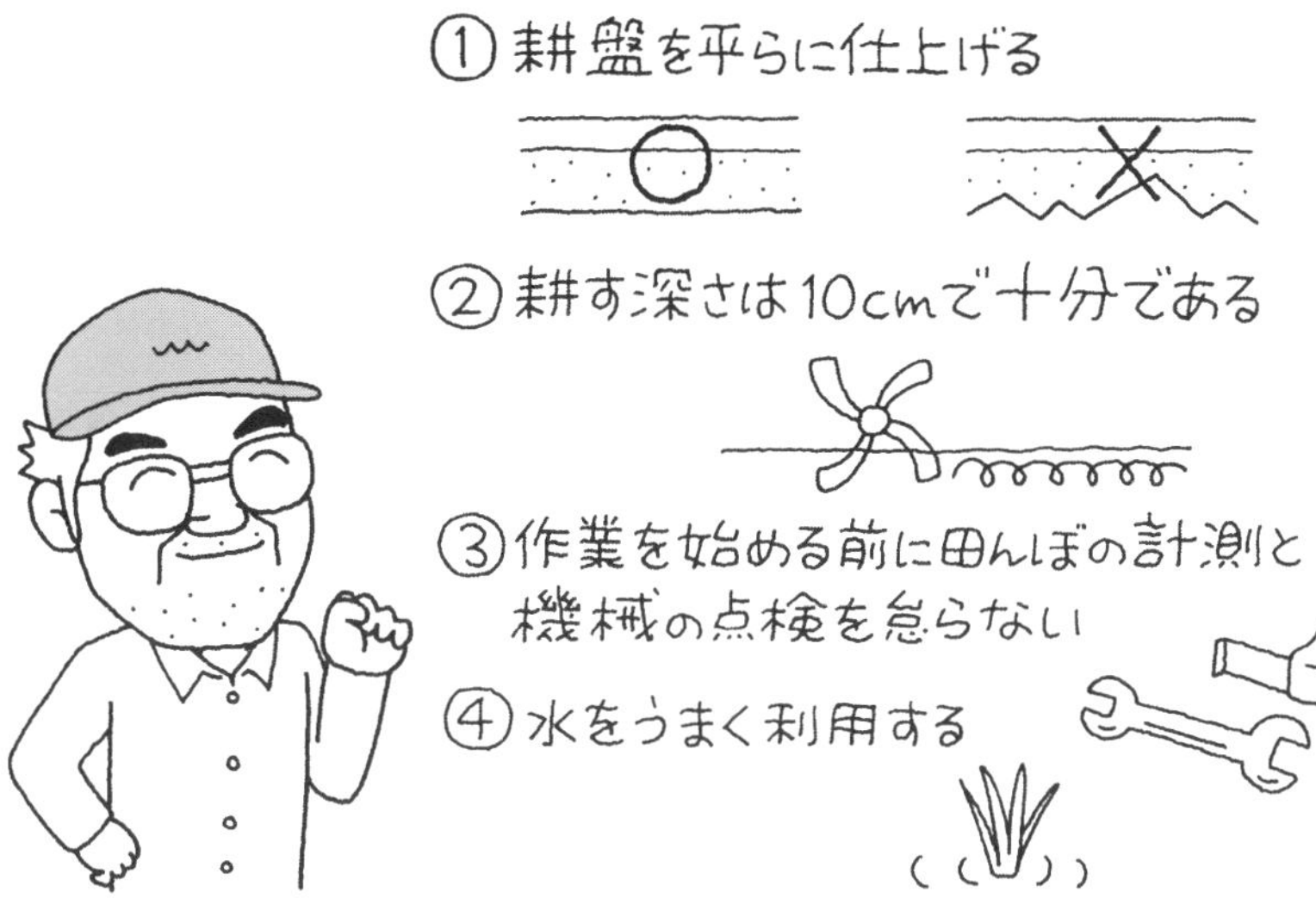
①耕盤を平らに仕上げる
②耕す深さは10cmで十分である
③作業を始める前に田んぼの計測と機械の点検を怠らない
④水をうまく利用する

いいのだが、現代のようにロータリで力任せに深耕するのでは土が細かくなりすぎ、土を練っているだけで空気も入らない。このため、硬く締まった耕盤ができてしまい、かえってよくない。すきによる昔の耕耘とは作業の意味がまったく違う。プラウによる深耕も、下手にやると耕盤の凹凸をつくるだけだ。

作土の深さは一〇cmあれば十分である。イネが自分で、耕盤より下のずっと深いところまで根っこを伸ばして耕してくれているからである。私は、単純に機械で耕した土層の深さよりも、イネが根を伸ばして土を耕していくほうが重要だと考えている。

見た目の作土層の深さよりも、田植え後、苗の植え傷みがなく、平らに生長していくための「平らな耕盤」こそが大切である。

深く耕さないぶんだけ、燃料代も少なくてすむし、作業のスピードも速い。

その3　事前の「計測」と「点検」

耕起、代かき、田植え、収穫と、田んぼの中に機械を入れての作業の場合、私は作業を始める前に必ず田んぼ

作業暦

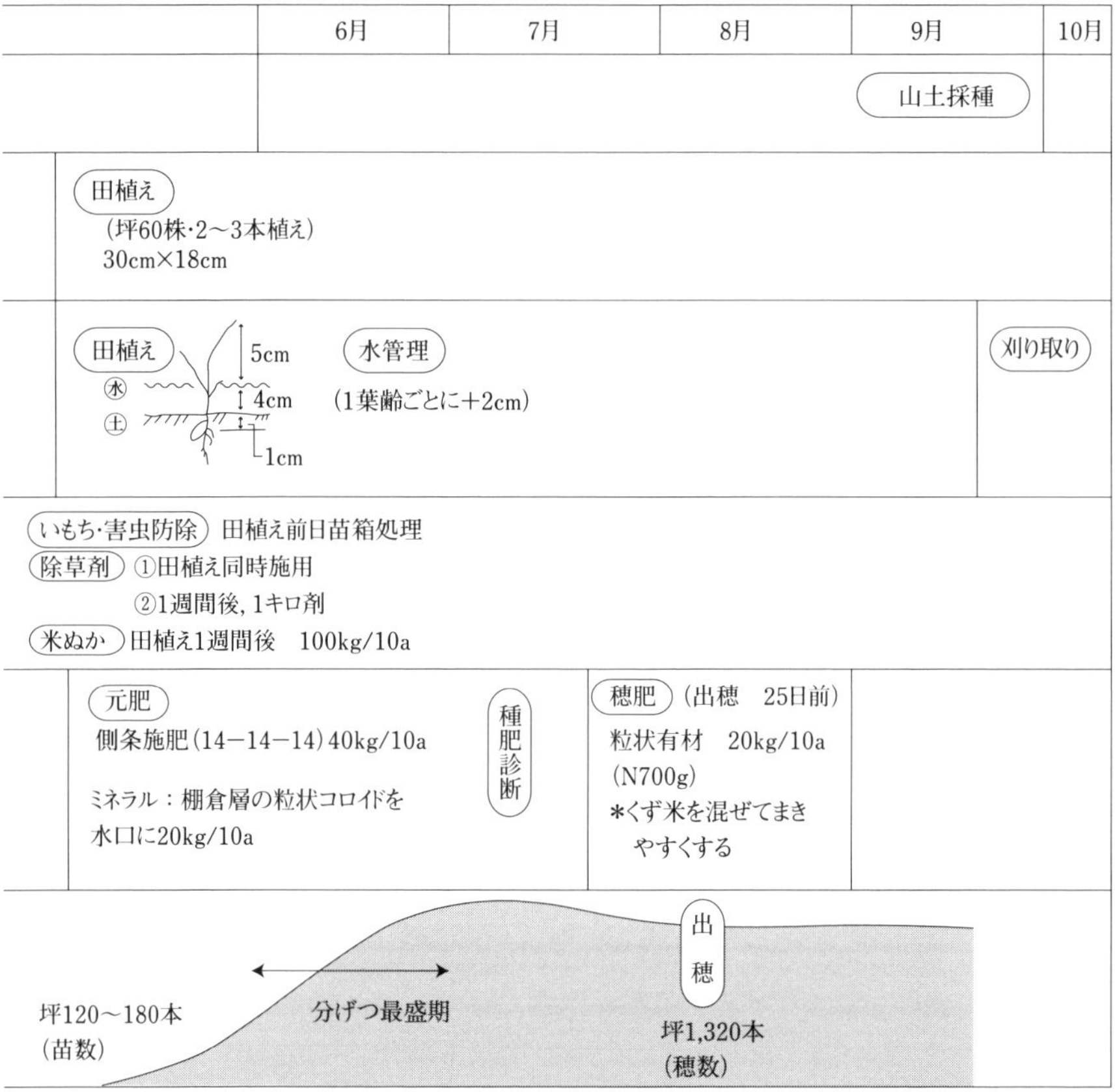
6月
7月
8月
9月
10月
山土採種
田植え
（坪60株·2～3本植え）
30cm×18cm
田植え
水
土
5cm
4cm
1cm
水管理
（1葉齢ごとに＋2cm）
刈り取り
いもち·害虫防除 田植え前日苗箱処理
除草剤 ①田植え同時施用
②1週間後，1キロ剤
米ぬか 田植え1週間後　100kg/10a
元肥
側条施肥（14－14－14）40kg/10a
ミネラル：棚倉層の粒状コロイドを
水口に20kg/10a
穂肥診断
穂肥（出穂　25日前）
粒状有材　20kg/10a
（N700g）
*くず米を混ぜてまき
やすくする
坪120～180本
（苗数）
分げつ最盛期
出穂
坪1,320本
（穂数）

の大きさを計測する。進入口の位置、作業機幅と田んぼの幅などを把握し、作業を開始する位置を決め、きっちりとしたコースどり設計を立ててからスタートする。

気がせいて、ついつい目計測で作業を始めがちだが、耕起作業を例にあげると、結局は、残耕（耕されないまま残った部分）があちこちにできたり、その手直し作業に時間がかかってしまう。時間だけではない。下手な手直しで土を練りすぎたり、耕盤をデコボコにしてしまっている例があまりにも多い。田植え作業も植え残しがでて、手植えする部分の面積がふえて家族にも苦労をかけるし、機械もむだに走らせることになる。

また、作業を始める前の機械

私のイナ作

	2月	3月	4月	5月
培土		育苗培土つくり		
育苗		種モミ浸種 (30日間)		育苗 (30日, 3.5葉苗) 換気, 苗踏み
田んぼ			アゼ塗り 荒起こし（耕起）	入水 代かき
防除				
施肥	【育苗箱施用(1箱分)】 硫安　(約2g) 過石　(約2g) 塩加　(約2g) ＊(　)は成分量		堆肥 5年に1回（モミガラ堆肥） (500kg/10a)	
生育				

の点検を怠らない。整備して格納していたとはいえ、一年間使わなかった機械だ。田植え機の爪、ベルトの張り、コンバインの刈り刃など、最低限の事前チェックを必ず行なう。作業中にトラブルを起こしたら作業は遅れるし、お金はかかるし、イライラして夫婦仲にも影響する。

その４　水をうまく利用する

水は使いごたえがある。しかもお金はかからない。

たとえば田んぼのデコボコを知る指標にする使い方。レーザーレベラーといった高価な機械を持っている人は別だが、田んぼの高低差を知るのに水は欠かせない。代かきのときなど、浅く水を入れることで、高いところが水面に顔をだす。それを目安に土を動かせば、田面を簡単に均平にすることができる。

イネの生育コントロール技術にも、水は重要な働きをしてくれる。慣行稲作では、「中干し」して「間断灌水」などと、ち蜜な水管理技術が勧められているが、手間はかかるし、いいとは思えない。ちゃんとやろうとしたら、水管理だけで疲れ果ててしまう。先に六月下旬の茎数のことを書いたが、そのときに茎数が多いようだったら水位を上げて分けつを抑制し、少なすぎるときは水位を下げて促進する。それだけで、イネが勝手に茎数を調節してくれる。これもお金がかかる技術ではない。

ついでに書いておこう。近年は温暖化が進み、登熟期間が高温に見舞われる年も多い。イネは水をほしがっているのに、田んぼはカラカラ。刈り取るときにわかるが、水がなかった田んぼのイネは、根っこごとズボッと抜けてしまう。干ばつで根が死んでいるのだと思う。

＊

イナ作をラクにするための工夫はほかにもいろいろあるが、合理的ケチに徹し機械・水・イネの力を最大限に生かしてラクしようというのが私のイネつくりなのだ。

前ページの表が、一年間をとおしたイネつくりにかかわる作業暦である。作業を大きく分けると、①三月の育苗培土つくり、②浸種に始まる「育苗作業」、③田植えに至るまでの「田んぼの準備作業」、④「田植え作業」、⑤除草や水管理、穂肥振りなど「田植え後の管理作業」、⑥一年の稼ぎを決定づける「収穫調製作業」、⑦翌年の作業をスムーズにスタートさせるための、機械や田んぼの「後始末」となる。

以下、『現代農業』で一緒に作業に取り組んだ初心者農家「耕作くん」の協力も仰ぎながら、順を追って作業の勘どころを紹介していこう。

作業の実際
育苗編

育苗培土つくり

耕　ねぇサトちゃん、育苗って期間は短いのにたいへんだよなぁ。

サト　昔から「苗半作」っていうとおり、ホントに大事なんだよ。

耕　でも、オレでも重い苗箱運んだり、毎日の天気にビクビクしながら換気と水やりするのはしんどいもん。年とったらなおさらだよ。

サト　だから軽くて、管理に手のかからない苗箱にしないと。耕作くんの苗箱って重さは？

耕　この前量ったら、六kgくらいだったなぁ。

サト　うわーそりゃつらいよー。うちは三kgくらい。

耕　えぇ！　そんなに軽いの!?

サトちゃんの目

軽くて水もちのいい培土つくりが鍵。ピートモス半量で自作するに限る！　一箱五〇円！

1．育苗培土の材料の準備

育苗培土の材料は、左ページの表のとおりである。

育苗培土つくりには、「土の採取」「砕土」「肥料・資材との混合」といった作業がある。私は、山の畑の赤土を利用して育苗培土をつくる。以前は田んぼの土を用いていたが、三〇〇〇箱分も土を採ると田面が毎年低くなっていくため、現在は山土を用いるようになった。

山土の採取は前年の秋、刈り取り作業に突入する前の秋晴れの日をねらって行なう。秋に採土するのは、春までに土を乾燥させるためである。トラクタにバケット（フロントローダ）を装着し、できるだけ石ころの少ない土を掘り採る。運搬用のトラックの荷台にコンパネを立てておくと、土がこぼれるのを防ぐことができて便利である。採取した土はビニールハウスの中に積み上げ、翌年三月の培土つくり作業に備えておく。

軽くて水持ちのいい培土をつくるために欠かせないの

1箱3kgの軽〜い培土つくり

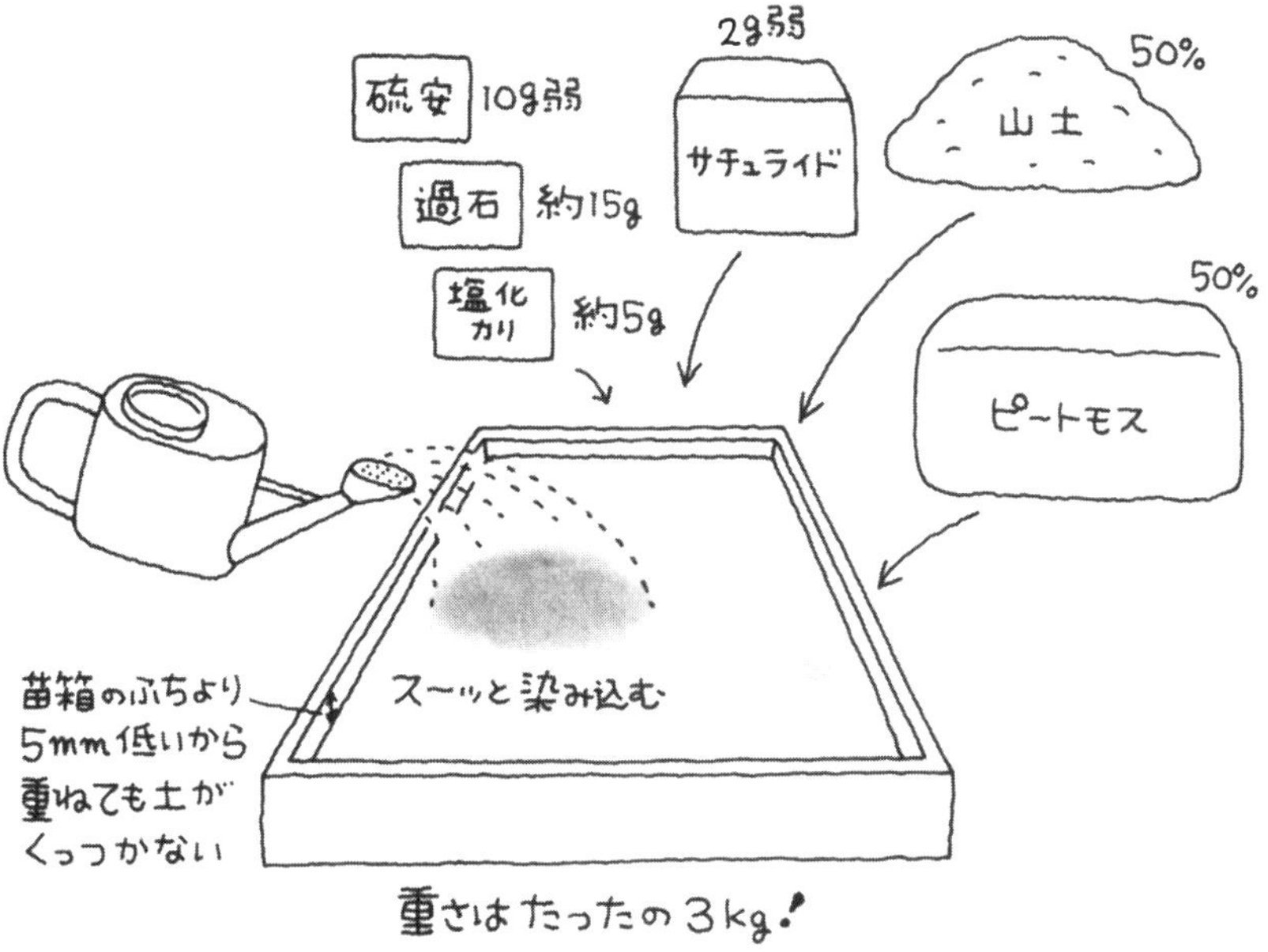
硫安 10g弱
過石 約15g
塩化カリ 約5g
2g弱
サチュライド
50%
山土
50%
ピートモス
苗箱のふちより5mm低いから重ねても土がくっつかない
スーッと染み込む
重さはたったの3kg!

がピートモスである。私はピートモスと山土を一対一（容積比）に混合する。ただし乾いたピートモスは水をはじく性質があるため、界面活性剤（商品名「サチュライド」。オーシャン貿易株式会社グリーングループ、電話〇七五―二五五―二四〇〇）を加えている。これを加えることで、ピートモスは水を吸収するようになり、保水力も高まる（32ページの囲み参照）。

育苗培土の材料（育苗箱3,000箱分）

材　料		配合量
山　土		2tトラック2台分
ピートモス（266ℓを圧縮したものが1袋）		20袋
天然界面活性剤		6kg
肥料	硫安	30kg（1箱当たり窒素2.1g）
	過リン酸石灰	40kg（1箱当たりリン酸2.3g）
	塩化カリ	15kg（1箱当たりカリ2.1g）

注　これで1箱分50円で仕上がる

二〇〇箱当たりだと、肥料（現物）はおおよそ、硫安二kg、過リン酸石灰三kg、塩化カリ一kgで配合すればいい。要は、窒素成分が多くなければいい。

2. 材料混合を兼ねた砕土作業

砕土にはロータリ式クラッシャーを用いる。ふつうは土塊を細かくするためにだけ使うのだが、私は、この砕土作業を山土を砕くだけでなく、山土にその他の材料を混合するためにも利用する。材料をなじませるために、この作業は播種の一～二カ月前に行なう。

肥料配合　肥料などの配合は前ページの表のとおりである。まず、ハウスに積んでおいた山土から、炭スコップを使って、二〇〇箱分（採取してきた山土の一五分の一程度）を目見当で切り崩してくぼみをつくり、そこにピートモス一袋、天然界面活性剤を片手二杯ほど、さらに二〇〇箱分の肥料を入れる。

肥料だが、いちいち重さを量っていたのでは作業ははかどらない。あらかじめ容器すりきり一杯の肥料の重さを量っておき、目見当で減らしぎみに、山盛りといった感じで加えていく。

砕土作業　ロータリ式のクラッシャーで砕土する。スコップで山土とピートモスを同量すくい取り、クラッシャーに入れる。砕土しながら、土とピートモスと肥料を混ぜ合わせる。クラッシャーには八mm目の鉄製の篩（ふるい）がセットされており、砕かれてピートモスや肥料と混ぜ合わされた培土がこの篩を通ってくる。

クラッシャー設置の工夫　ふつうはやらないのだろうが、大きな土塊をできるだけ出さないため、出口のほうを八cmほど高く設置して、土塊を砕く篩の部分に土が長く滞留するようにしている。そうすることで、砕ききれない土塊の割合がはるかに少なくなる。

もうひとつの工夫が、篩の部分の両端をガムテープでひと巻きして篩の目を塞いでいることだ。両端には胴を回転させるベアリングがあるため、そこに土ぼこりが入り込まないようにと考えた。左ページ写真のクラッシャーは二代目だが、初代は一五年間、二代目も五年間使用しているのに、今も故障知らずで活躍してくれている。

V型コンベアでの培土移動　クラッシャーで砕土した土は、排出される部分に左ページの写真のようにV型コンベア（Vコン）をセットしておき、そのままトラックの荷台に搬送する。

砕土に使うロータリ式クラッシャー（上）とV型コンベア（下）

ロータリ式クラッシャー
カバーを外したところ。右側から土を入れる。できるだけ土塊を小さくするため，左側のほうを8cmほど高く設置して，滞留時間を長くしている

V型コンベア
培土をトラックに積み込むときなど，このV型コンベアを利用するとたいへん便利

土の移動ほど大変な作業はない。このV型コンベアによる搬送は、物を持ち上げて離れている高い位置に移す作業にはおすすめで、二階から育苗箱を下ろしたり、飼料用イナわらを二階に上げるときなど、私は必ず使っている。

ピートモスと界面活性剤サチュライド

ピートモスは，寒冷地の湿地帯に大昔に育っていたミズゴケの遺体が堆積し，変質したもの。肥料もほとんど含まれておらず，軽くて保水力，通気性，保肥力も高いため，鉢花や野菜苗の培土，土壌改良剤など，いろいろなところで利用されている。

特徴として，①pHが低いということ，②乾いた土と混ぜたときになじみにくく乾燥しやすいこと，が挙げられている。

pHが低いということは，低pH（pH5.0～5.5）を好むイネにとっては好都合で，私も山土だけを培土に使っていたときは，育苗中の病気の予防に硫黄華を使って育苗培土のpHを下げていた。しかし，ピートモスを使うようになってからは，そうしたpH矯正作業がいらなくなった。

ただ，私のようにピートモスを大量（約1/2）混ぜると，灌水しても水をはじいてしまい，なかなか水を吸ってくれない。そこで使い始めたのが「サチュライド」という資材で，これは非イオン系界面活性剤をココナツピートと硬質ゼオライトにしみ込ませた持続性透水剤である。砂漠の少ない水を有効に利用するために，オーストラリアでつくられた資材だと聞いている。この資材のおかげで，私の，軽くて，保肥力も保水力も高い育苗培土ができたといっていい。

ポットに詰めたピートモスに同量を水をかけてみると，サチュライドの有無で差が出た。黒く見える部分が水がしみている部分

浸種・催芽

サト　耕作くん、種モミの準備はできたの？

耕　今年は親父に言われたとおり、一〇日間もかけて浸種したよ。毎日毎日水を取り替えるのって大変だねえ。

サト　たったの一〇日間？　短い短い！　あとで催芽機使ったでしょ？　だからいい苗ができないんだよね。

耕　あれ以上長かったらやってられないよ！

サト　うちは三〇日かけてるよ。水も替えないし、ラクだよ～。それでいい苗ができるからね。

耕　えぇ！　どうやるの？　教えて！

サトちゃんの目

慌てた芽出しより、十分な吸水。水替えなしの低温ブクブク30日浸種法で、浸種と芽出し作業を一気にやろう！

1．浸種と芽出しは暇なときに

浸種作業は、春作業が暇なときにやっておくに限る。ふつう、播種日から逆算して、浸種作業→芽出し作業と別々に行なっている人が多いと思うが、私の場合は、もっと早い時期から低水温で長時間浸種し、浸種作業と芽出し作業を同時に行なう。

浸種は種モミに十分に吸水させて発芽の準備態勢を整えること、芽出しはモミから芽を出させるための作業である。

水の中に浸けられた種モミは、水分を吸収しながら膨らんでいき、積算温度（日平均気温×日数）一〇〇度を超えると芽を出し始めるといわれている。種モミは、水分を吸って二割ほど重くなっている。

私の場合は、三月二十日頃から浸種を開始し、水温一〇度前後で約三〇日間浸種し、種モミ全体がムラなく水分吸収できるようにしている。その間、一切水替えは

鍛えながらゆっくり芽出しするか，甘やかしてパッと芽出しするかが運命の分かれ道

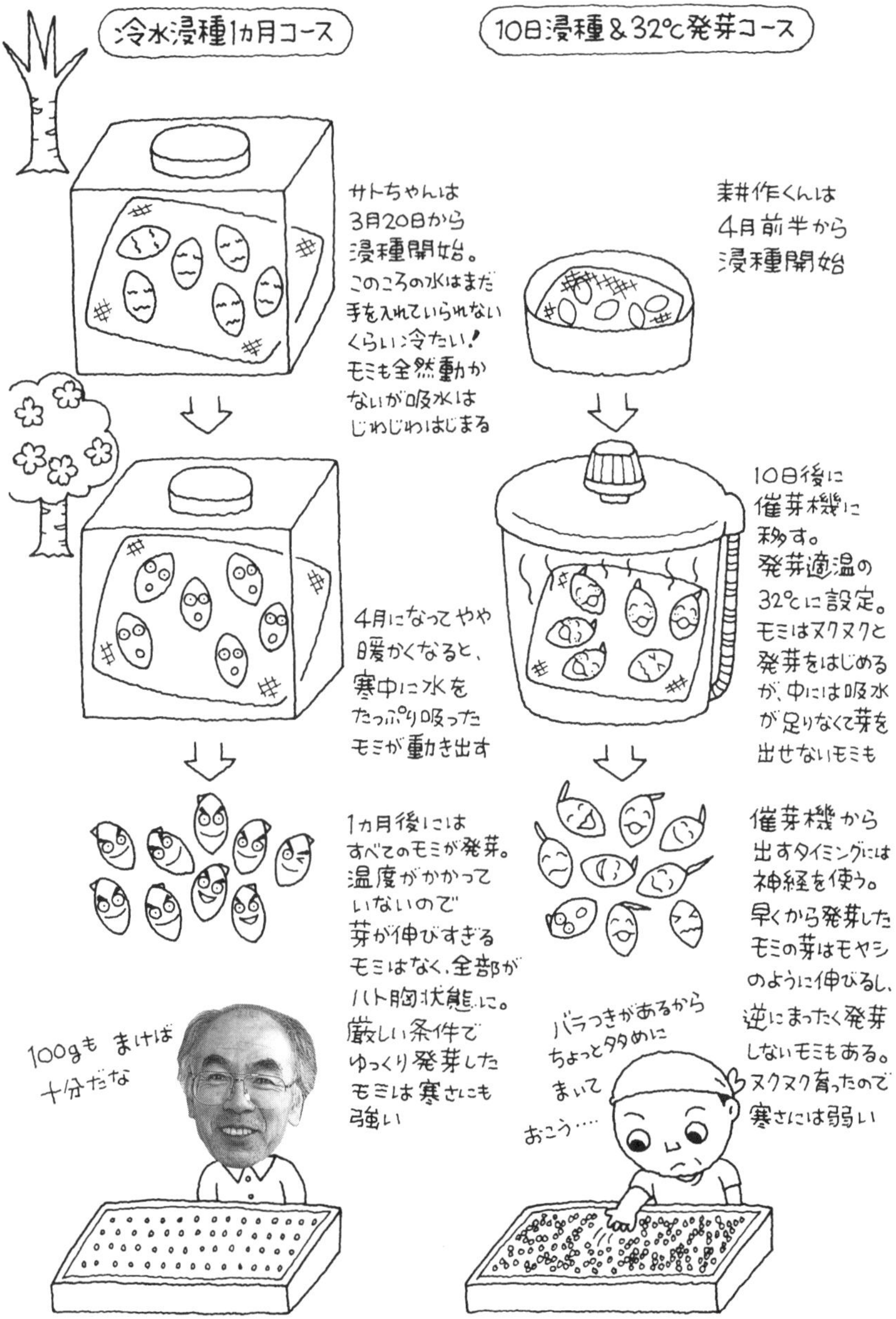

冷水浸種1カ月コース
サトちゃんは3月20日から浸種開始。このころの水はまだ手を入れていられないくらい冷たい！モミも全然動かないが吸水はじわじわはじまる
4月になってやや暖かくなると、寒中に水をたっぷり吸ったモミが動き出す
1カ月後にはすべてのモミが発芽。温度がかかっていないので芽が伸びすぎるモミはなく、全部がハト胸状態に。厳しい条件でゆっくり発芽したモミは寒さにも強い
100gもまけば十分だな
10日浸種＆32℃発芽コース
耕作くんは4月前半から浸種開始
10日後に催芽機に移す。発芽適温の32℃に設定。モミはヌクヌクと発芽をはじめるが、中には吸水が足りなくて芽を出せないモミも
催芽機から出すタイミングには神経を使う。早くから発芽したモミの芽はモヤシのように伸びるし、逆にまったく発芽しないモミもある。ヌクヌク育ったので寒さには弱い
バラつきがあるからちょっと多めにまいておこう……

しない。その代わり、金魚などの水槽や家庭用浄化槽に使われているエアーポンプをセットして、常に種モミに酸素が送られている状態を保つ。水替え作業が要らないため、耕うんなどの春作業が忙しくなってからも管理はじつにラクである。

2. 水替えなしの低温ブクブク三〇日浸種法

次ページの図が、種モミ三〇〇kg（育苗箱三〇〇〇箱分）を浸種するための八〇〇ℓタンクと、エアーポンプおよび種モミの並べ方である。設置場所は、家の壁際の半日陰。

底の部分から、一〇kg入りの種モミの袋を底の部分に円を描くように並べていく。底の部分に並べ終わったら、一段目に並べた種モミの袋と袋の間に二段目を並べて、互いに隙間をつくり、水の動きを確保する。八〇〇ℓのタンクだと高さが八三cmあるが、三〇袋の種モミ（三〇〇kg）を並べ終わると四段びっしりと口のほうまで積み上がった形になる。

積み終わったら少し水を入れて、種モミを少し動かすようにしながら、エアーポンプのホースが入るスペースをつくって、先端には発生する泡を細かくするエアーストーンを付けてセットする。私の場合はGEX社の「ラング500」「ラング700」を使っている。負荷が大きいため、安ものは禁物。といってもホームセンターなどで手軽に購入できるもので、一台一〇〇〇円前後のものであればいい。タンクの中に水を注ぎ入れ、エアーポンプのスイッチを入れる。エアーストーンを付けることで、対流を起こしたときのように、種モミの袋の内部まで酸素が入り込む。

水替えをしないので、水が腐って発芽が悪くなるのではないかという心配は無用である。水温が低く、しかも十分に酸素が供給されているから、種モミが腐ることはない。ただし、エアーポンプがちゃんと作動しているかどうかは毎日点検すること。

種モミが十分に吸水したかどうかの判断は、種モミが透きとおったような状態になったかどうかである。次ページの写真は、浸種完了時の種モミを拡大したもの。芽の部分がふくらみ、まさに芽を切る直前であることがわかる。また、種モミを引き上げたとき、育苗器から出したときのような「酵素の匂い」がするかどうかも目安の一つである。このほか、エアーポンプのスイッチを切っ

水替えなしの１カ月低温ブクブク浸種法

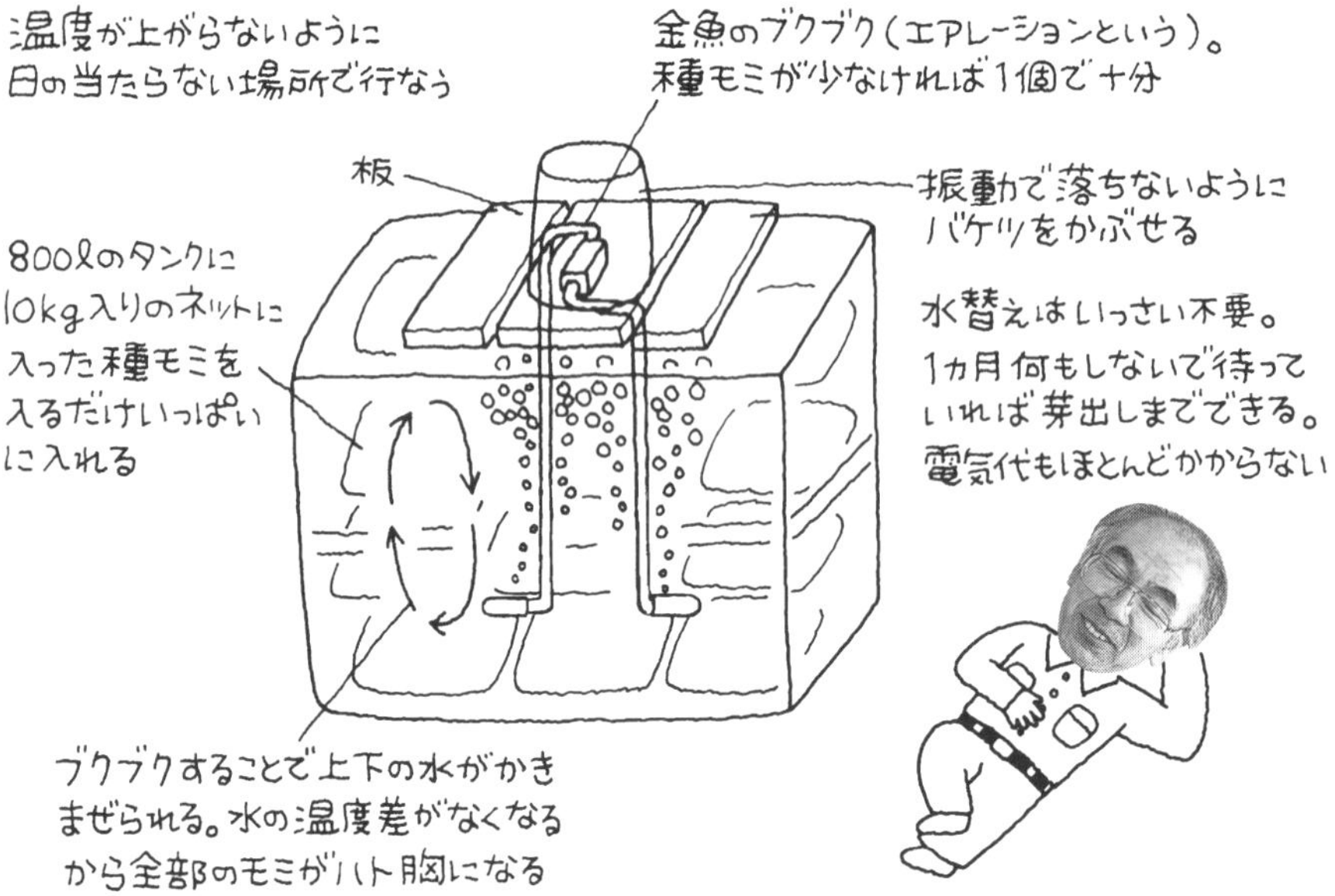
温度が上がらないように
日の当たらない場所で行なう
金魚のブクブク（エアレーションという）。
種モミが少なければ1個で十分
板
振動で落ちないように
バケツをかぶせる
800ℓのタンクに
10kg入りのネットに
入った種モミを
入るだけいっぱい
に入れる
水替えはいっさい不要。
1カ月何もしないで待って
いれば芽出しまでできる。
電気代もほとんどかからない
ブクブクすることで上下の水がかき
まぜられる。水の温度差がなくなる
から全部のモミがハト胸になる

私の１カ月浸種の種モミ（上）と，10日浸種・催芽機芽出しの種モミ（下）

これが浸種1カ月後の種モミ。きれいにシースルー（透き通っている）で，胚芽のところが白くプックリ動きだしてきているのが見える。こうなったら芽がビッシリ揃うのは確実だ。タンクに顔を近づけると，発芽が始まる信号の『酵素の匂い』がする

10日間浸種して催芽機で芽出しした種モミ。悪くはないが，これでは浸種が短すぎて発芽が揃わない

て、一時間ほどおいてから種モミの袋を揺すったとき、最初の頃のように泡が出なくなるので、それも目安の一つである。

　モミ重量の二五％の水分を吸水したら発芽準備が整ったとされているが、私の場合も、一〇kgだった種モミ一袋の浸種終了時の重量は一二・五kg。吸水量は十分でも、温度（水温）が低いため発芽するモミはない。もっとも、少しくらい発芽していても問題はない。

浸種が終わった種モミは洗濯機で脱水

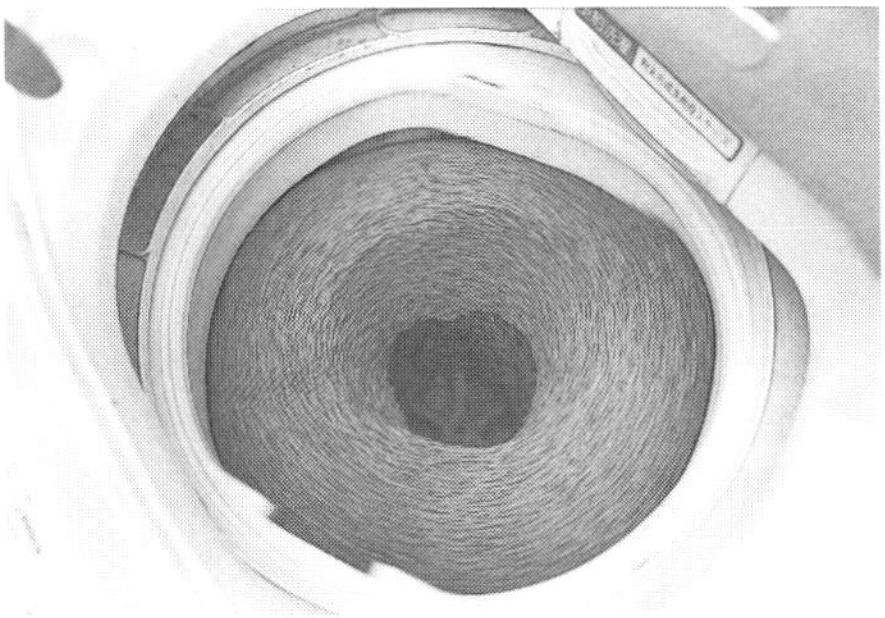

脱水は約7分間。回している間，種モミは遠心力で壁にベターッと貼り付いているから，傷つくことはない

3．種モミの脱水は洗濯機に入れて七分でOK

　浸種・芽出しが終了した種モミは、播種作業を行なうために水切り作業が必要になる。ふつうは、むしろやビニールシートに種モミを広げて水分を飛ばすのだが、これもまた手間がかかる。朝に広げて夕方取り込む作業を繰り返さなければならない。雨にあたりそうなときは日中でも取り込まなければならないし、全体をまんべんなく乾かすためにはときどき攪拌しなければならない。

　こんな作業はむだである。私は、拾ってきた全自動洗濯機に種モミを袋ごと入れて、そのまま脱水する。二袋（乾モミ二〇kg）を約七分間回せば、一三kgあった種モミの重量が一二・五kgにまで減る。その分だけ種モミについていた水分が飛んだわけで、脱水が終わった種モミは、さらさらといった感じの乾いた音がする。洗濯機から取り出したらそのまま播種機へ入れることができる。播種当日でも間に合うから、作業の段取りが組みやすい。

播種●●●

耕　サトちゃんは八〇gまきにしろっていったけど、欠株のことを考えると不安だよぉ。

サト　どれくらいまいたの？

耕　乾モミで一二〇g。去年より減らしたけど、一〇〇g以下だと苗箱スカスカだよ！

サト　大丈夫だって！　ちゃんと浸種できてれば、八〇gだって多いくらいだよ。欠株はほとんどないよ！

耕　うそぉ〜！

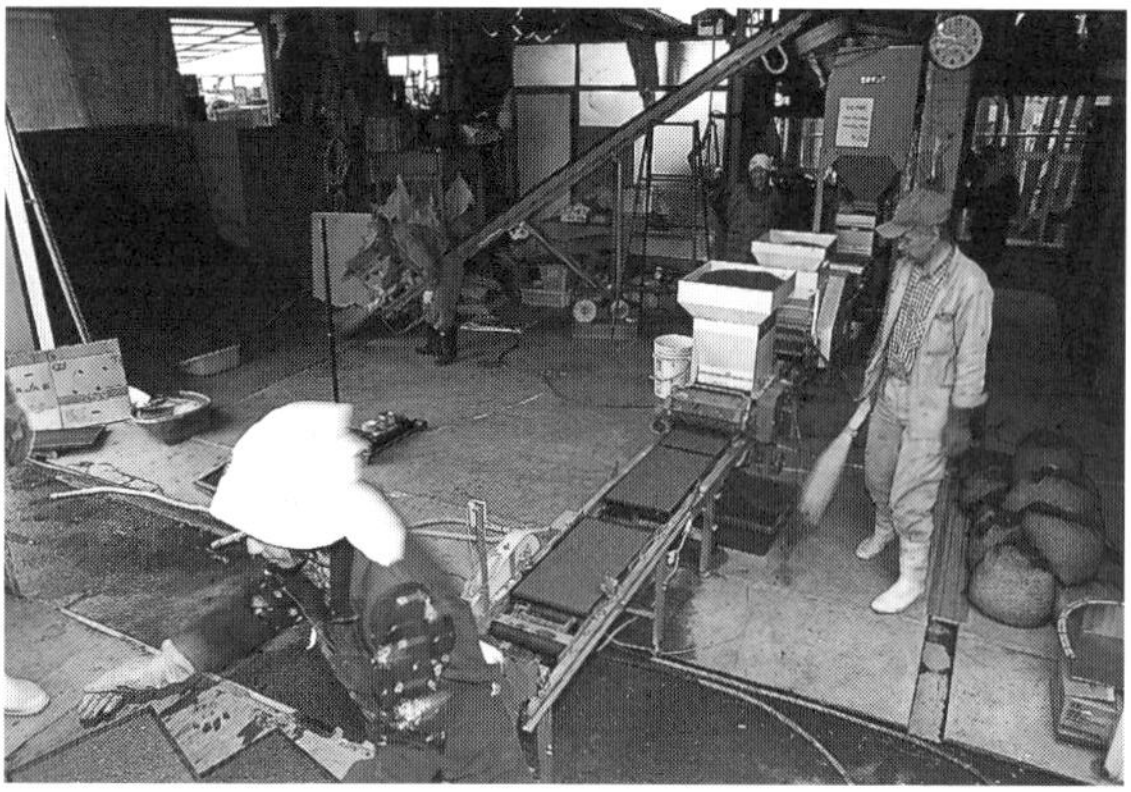

サトちゃんの目
厚まきしたって播種がまずいと欠株発生。播種量ふやすより、正確に播種して一〇〇％出芽を目指す！

1．培土一五㎜＋覆土一〇㎜で育苗箱を軽く

育苗箱を軽くするには、育苗培土そのものを軽くし、さらに詰める量を減らすことである。育苗培土については前述したが、さらに詰める培土を育苗箱の上端から五㎜下までに減らす。箱の上端まで詰めると三〇㎜だが、それを二五㎜までしか詰めない（培土一五㎜＋覆土一〇㎜）。水はけがよくて、水持ちもよい「山土＋ピートモス＋サチュライド」の軽量培土だからできるようになったものだ。培土の厚さが五㎜減るだけで、育苗箱は一割以上軽くなる。

この育苗箱の五㎜の空間が、育苗箱を重ねても底に土がつかず、のちのちハウスに並べて発芽させるときも被覆資材との空間をつくりだすため、あたためられた空気によって温度を稼いでくれる。これも、一斉発芽の強い味方となる。

私の播種プラント――コーナープレスと精密播種機がポイント

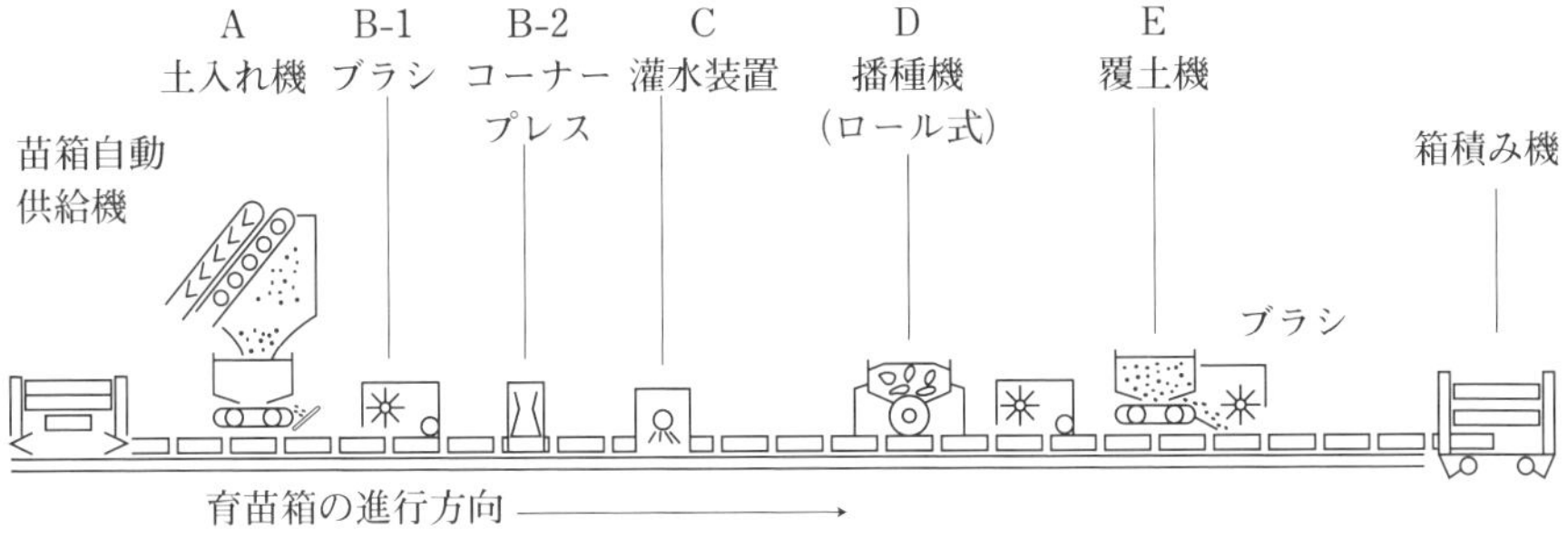
A
土入れ機
B-1
ブラシ
B-2
コーナープレス
C
灌水装置
D
播種機
(ロール式)
E
覆土機
苗箱自動供給機
箱積み機
ブラシ
育苗箱の進行方向

2．高性能播種プラントも調整しなきゃ足手まとい

播種プラントはセットで買う人が多いから、最初の設定のままほったらかしていないか？　ちょっと工夫することで、軽量で発芽揃いもよくなる。

私の播種プラントの流れは上の図のとおりである。Aが流れてくる育苗箱に培土を落とす装置、B―1が育苗箱の縁に乗った培土を落とす装置、B―2が育苗箱の短辺に盛り上がった培土を押さえる装置（コーナープレス）、Cが灌水装置、Dが播種機、Eが覆土機と表面をならすブラシである。それぞれの装置ごとに、調整のポイントを紹介する。

培土量の設定　播種プラントで最初にセットされているのが、培土を育苗箱に詰める土入れ機Aである。まず、ここで育苗箱にどれくらいの培土を落とすかを調整する。あらかじめ何箱か作動させてみて、私の場合は二〇㎜に設定して、そのとおりに培土が落ちているかどうかを確認してから、本格的に始める。事前の調整はどの部分にも共通である。

コーナープレス（隅とり機）　これは播種量を減らし

ても欠株をなくすための重要な装置である。ふつうはオプションとなっていて別途購入しなければならないが、十分に元はとれる。

育苗箱の縁に乗った土を落とす床土ブラシ（B—1）のあとに、育苗箱の短辺の縁の部分の土盛り上がりを鎮圧するのがコーナープレスである。コーナープレスがない場合には、左の図のように育苗箱の短辺の縁のそばは、約一五mm幅で縁に向かって斜めに培土は高くなっていく。そのままにしておくと、縁のそばに落下した種子は低いほうに転がり落ちて、縁のそばには播種されない。これでは田植えのとき、新しい育苗マットに切り替わるところで最初の一～二列は欠株となってしまう。コーナープレスによって育苗箱の端まで平らに床土を入れることで、箱の端まで均一に種モミが並び、播種の深さや水分状態なども均一となる。田植え時のかき取り量を小さくしても欠株をでにくくする、おすすめの装置である。

育苗箱の縁（短辺）部分での欠株をなくすコーナープレス

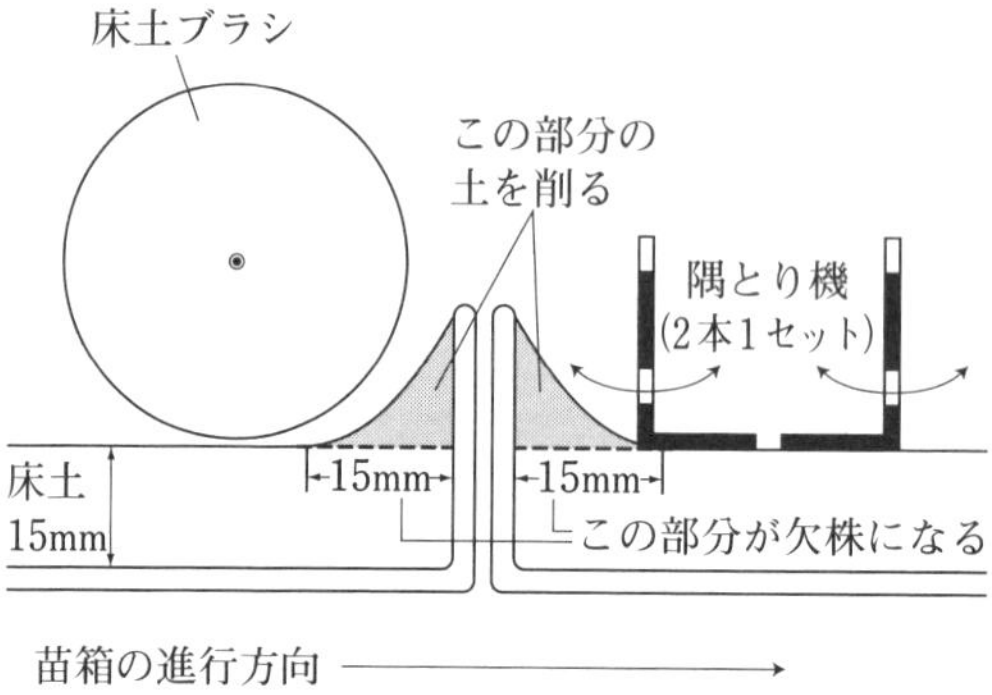
床土ブラシ
この部分の土を削る
隅とり機
(2本1セット)
床土
15mm
15mm
15mm
この部分が欠株になる
苗箱の進行方向

播種機　一箱当たり乾モミ八〇～八五gと少なめのため、播種精度が高いロール式の播種機を使っている。コーナープレスと播種機の選択で、欠株率は大幅に減ること請け合いである。なお播種量の調整はギアの変更によって行ない、セットしたとおりに播種されるかどうかをあらかじめ確認しておく。

覆土機　覆土の厚さを一〇mmにセットする。これで、Aの土入れ機で詰めた培土の一五mmとあわせて、育苗箱に詰めた培土の厚さは二五mmになる。覆土の量の調節は、実際に覆土してみて種モミが見えないくらいに落ちていればいい。

培土のサンドイッチ法で100%出芽を目指す

サンドイッチ法で覆土を終えた育苗箱の断面

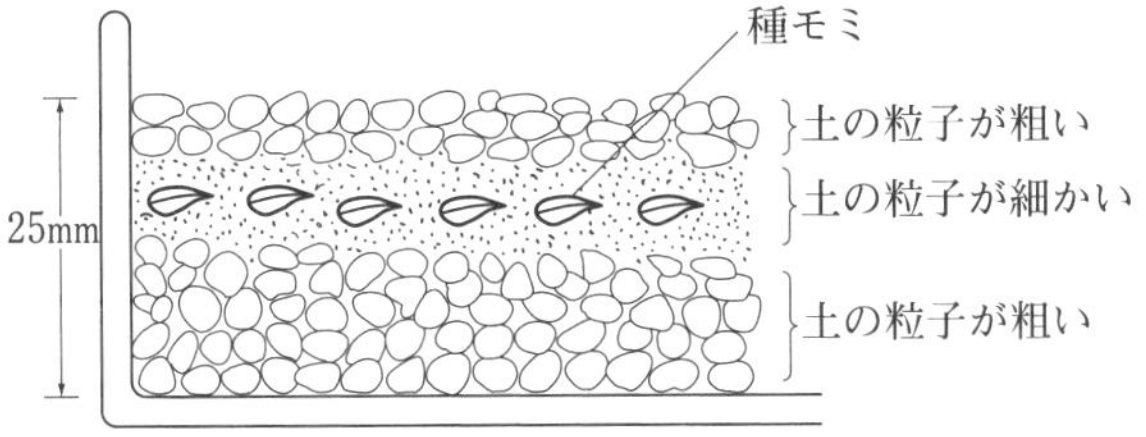
種モミ
25mm
土の粒子が粗い
土の粒子が細かい
土の粒子が粗い

土入れ機と覆土機では土ガイド版の向きを変えて，種子をサンドイッチ状にはさむ

播種プラントの土入れ機や覆土機についている「土ガイド板」をうまくいかせば100%出芽

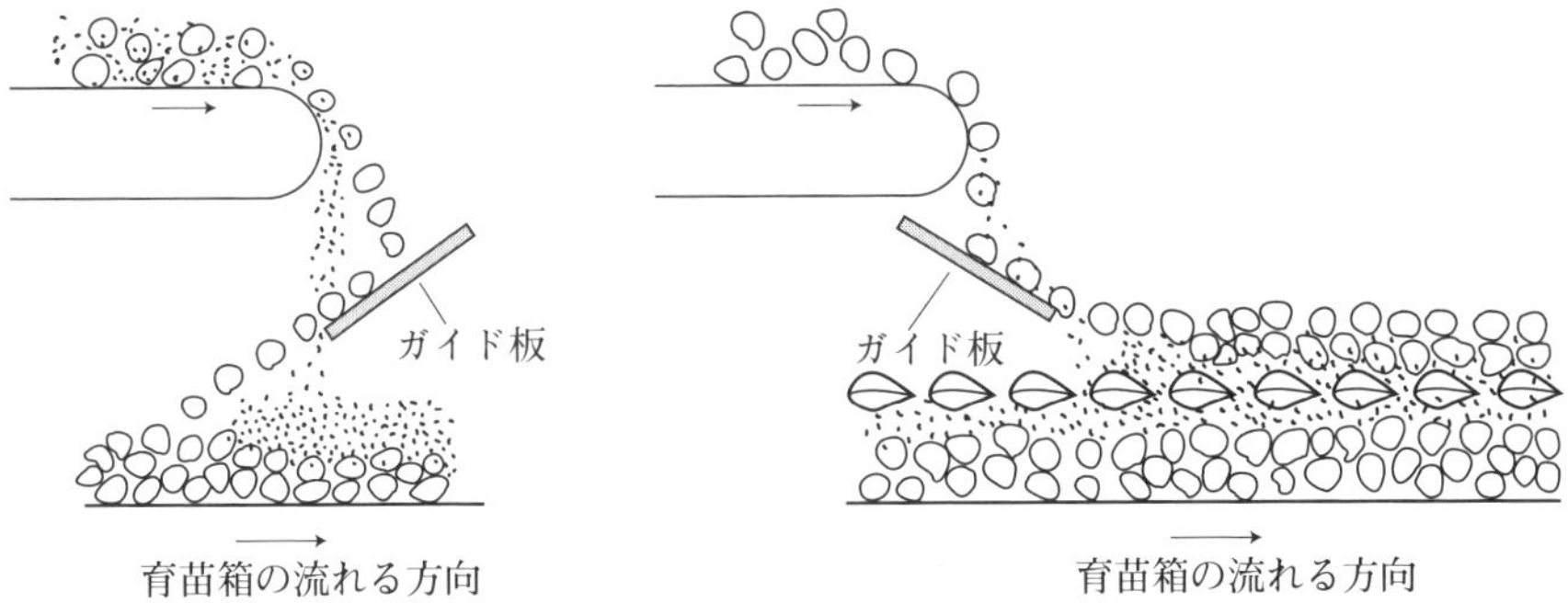
〈土入れ機の場合〉
ガイド板
育苗箱の流れる方向
〈覆土機の場合〉
ガイド板
育苗箱の流れる方向

なお、大量に育苗する場合に便利だと思って購入したのが、39ページの播種プラントの図左端の苗箱自動供給機である。育苗箱のセット作業をやってみるとわかるが、単純な作業だけに眠くなってくるし、苗箱運びも大変……というわけで、一〇万円ていどで手に入れたが、これはまあどっちでもいい。また右端の箱積み機は、一〇段まで積み込みができる。これまたたいへん便利である。

3．発芽率を高める培土のサンドイッチ法

サンドイッチ法とは、育苗箱内の培土の粒子の大きさを変えて、底の部分と覆土上部を粗い粒子にし、種子の周りを細かな粒子で覆う培土の詰め方である。種子に培

土が密着するため水分環境が安定する。覆土上面の土は粗いためすぐに水が染み込み、余分な水は底の部分の粒子が粗いためにスムーズに排出する。

特別な装置がいるわけではない。土入れ機にはガイド板（土案内板）がついており、前ページの図のようにそのガイド板の向きを変えてやればよい。

床土を詰めるときには、底のほうに粗い粒子、上のほうに細かな粒子としたいので、ガイド板の先端を育苗箱の流れと反対方向に向ける。こうすることで、粗い粒子は遠くへ飛び、細かな粒子は真下に落ちる。覆土の場合は逆で、最初に細かな粒子が播種された種子の周りをとり囲むようにしたいため、ガイド板は、先端を進行方向に向けてやる。

そうして完成した育苗箱の断面を見たものが前ページの状態である。種モミの周りには粒子の細かい土が多くなり、水分も十分に確保され、余分な水分は粗い土の層を通って排出されることになる。これを私は「培土のサンドイッチ法」と呼んでいる。

培土のサンドイッチ法で発芽揃いもこのとおり！

育苗●●●

耕　サトちゃん、ホラ、いい苗できたでしょ。

サト　まあ、初めてにしては上出来……だけど、丈が二〇㎝以上あるなあ。伸びすぎだよ！

耕　うちはムギあとの田植えだから、みんなこれくらいだよ。

サト　本葉四枚も出てないのにこれじゃあ田植えのときに苦労するよ。欠株になったり、転び苗になったり……。うちのはホラ、一二㎝ちょっとの黄色の苗。

耕　どうすればいいの？　いい方法あったら教えて！

苗丈12cmのガッチリ黄色苗。根がらみも十分

サトちゃんの目

苗は、植えてすぐに根を伸ばし始める実力勝負！　スリムなノッポ苗より、苗踏みで鍛えたズングリ黄色の苗。

1．育苗ハウスの準備と箱並べ

三〇〇〇枚近い苗箱は、間口五・四m×奥行き一〇〇mのビニールハウス一棟で育苗する。

①育苗床の準備

あらかじめハウス内を軽く耕起する。このとき、中央部は浅く、サイドはやや深めに耕起し、トラクタに装着したバケットを下げた状態で土を均し、トラクタのタイヤで何度も踏んで固めておく。こうすることで中央部がわずかに高くなり、トラックの進入やその後の管理で中央部を歩くことになっても土が沈まないため、灌水した水が中央部にたまることがない。

苗箱の下になる部分には古ビニールを敷き、さらに黒色のラブシートを全面に敷き詰める。黒のラブシートを使うのは、通路に生える雑草を抑えるためである。以前、有孔ポリを敷いていたときよりも通路部が乾くようになり、作業がしやすくなった。

育苗箱の並べ方

苗床には古ビニール，その上に黒色ラブシートを敷き詰める。ハウスのサイドにはアゼシートを張り，運び込んだ育苗箱でシートを押さえておく。トラックが入っても，これでシートがよれることはない

トラックで育苗ハウスの奥までダーッと入り，苗箱運びをラクにする。そのためには事前に苗床を平らに転圧しておく必要がある

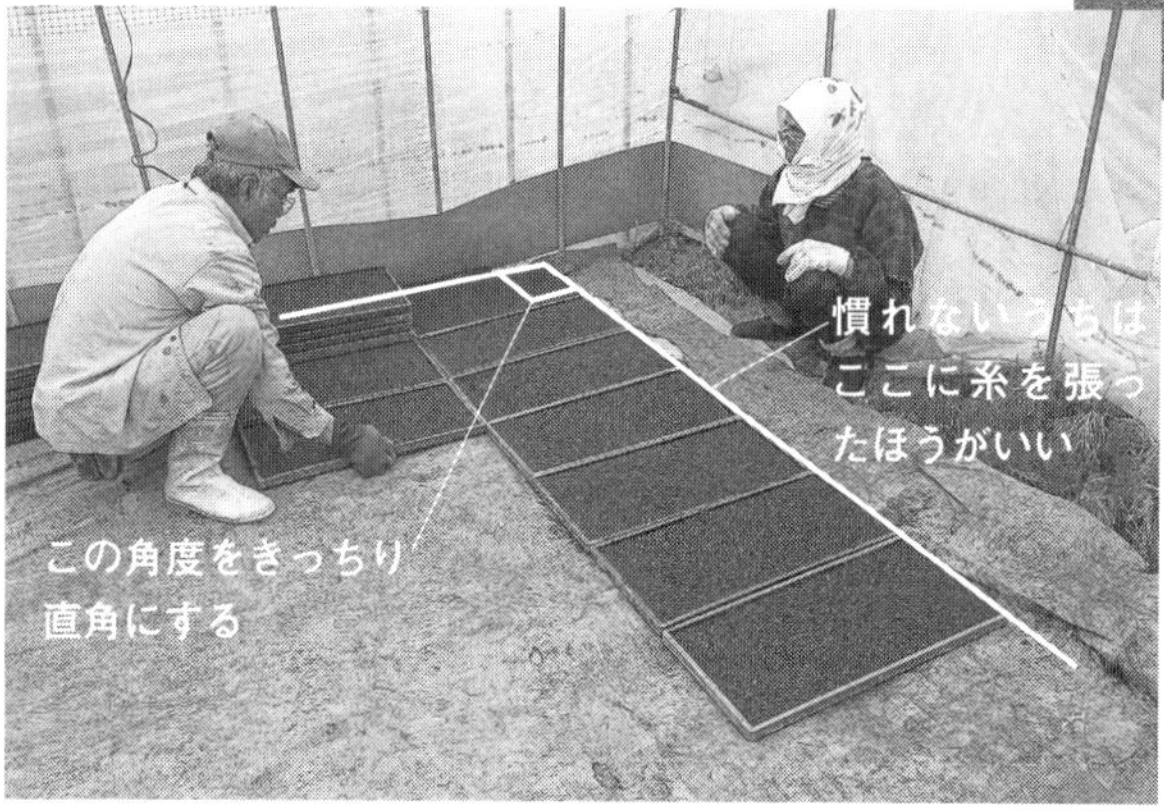
慣れないうちは
ここに糸を張ったほうがいい
この角度をきっちり
直角にする

(下) 並べたところからすぐにラブシートをかけていく。「全部並べ終わってからかけよう」なんて思っていると，最初のほうに並べたところほど乾燥がすすんで生育ムラになる。この上にさらにシルバーポリをかければ作業完了

(上) まっすぐ並べるには最初が肝心。ここが曲がってると，後々大きなズレになる。私はハウスのパイプの並びを基準にして，順に内側を並べていく。パイプピッタリに苗箱をつけると，温度が低い分どうしてもそこの苗だけ生育が遅れるが，予備苗にするにはちょうどいい

被覆をはがすタイミング

平置き出芽の被覆をはがすタイミングは，芽がこれくらい顔を出してきた天気がいい日。たとえ播種日が遅くてぜんぜん芽が出ていない苗箱があっても，早いほうがいい。これくらい出たら全部はがす。ただし，天気が悪い日にははがさない。あんまり急激に温度が下がると，さすがに苗が風邪をひく

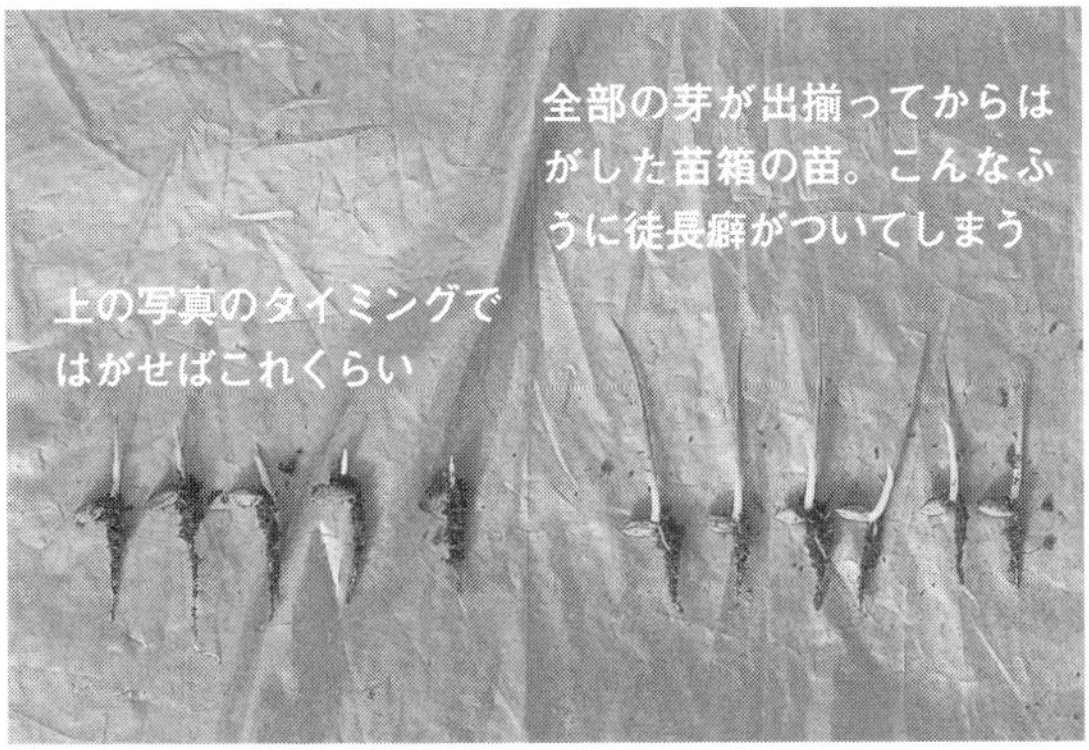
全部の芽が出揃ってからはがした苗箱の苗。こんなふうに徒長癖がついてしまう
上の写真のタイミングではがせばこれくらい

全部の芽が出揃ってからはがすようでは遅すぎる。そうすると，徒長癖がついてあとで苦労する

ハウスのサイドには、風を遮るためにアゼシートを張り巡らせる。トラックで育苗箱をハウス内に運び込むときに、ビニールやラブシートを育苗箱で押さえておくと、よれないので便利である。土を硬く締めておくことと、床面のシートがよれないようにしておくことで、積んだ苗を一気にハウスの奥まで、気を遣わずに運び込むことができる。軽い育苗箱とはいえ、大幅な省力となっている。最初は角に直角の糸を張って並べ始める。

②育苗箱をまっすぐに並べるコツ

育苗箱をまっすぐに並べるには最初が肝心である。慣れない間は、右ページの写真のようにスタートする角の部分に、きっちりと直角にひもを張ってから始めるとよい。最初が狂うと、並べていくうちにしだいに曲がりは大きくなっていくからである。最初の育苗箱を正確に並べることができれば、あとはそれに合わせて順次すすめればよい。

私の場合は、間口五・四mのハウスで、通路を中央部に設けて一六箱、ハウスのサイド側ギリギリまで並べる。搬出時にはその通路にレール（アングル）を敷設して、苗の運び出し作業をラクにできるようにしている（76ページ参照）。並べながらすぐにラブシートをかけて

被覆シートをはがしながら乾かす方法

シルバーポリは，乾かしてからしまわないとすぐ使えなくなる。でもいちいち干すのも面倒だし場所をとる。だからこうやって端っこを2本の棒でクルッと巻いて…

そのまま裏返しの状態でダーッと引っ張ってくる。ハウスの中は暖かいから，端まで引っ張ってくるうちに完全に乾いてしまう

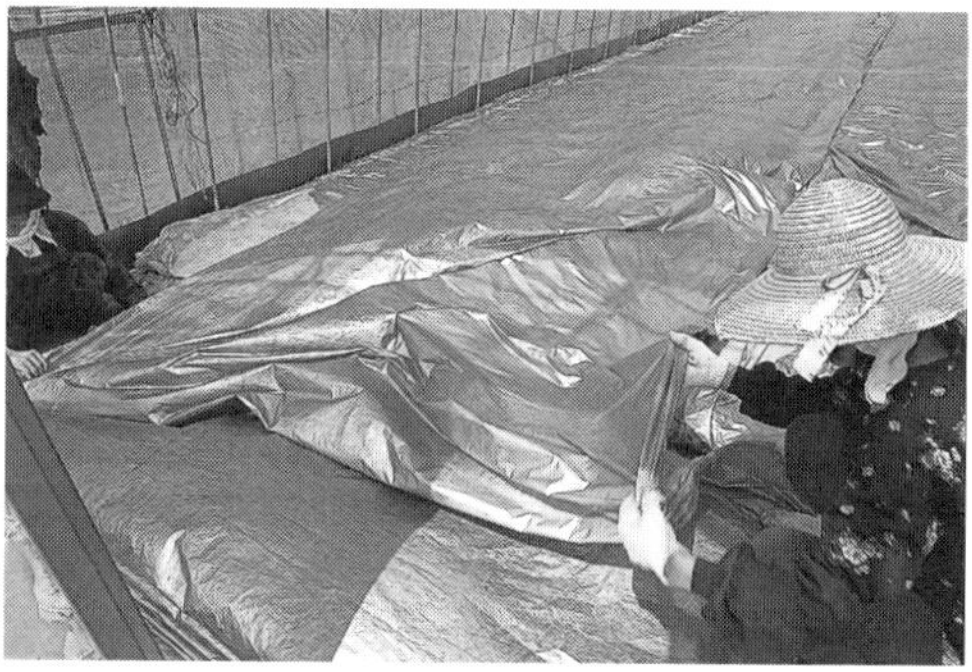

あとはそのままたたむだけ。ラブシートも同じ要領ではがしてすぐたたむ。これでもう何十年使ってるかわからないくらい長持ちしている

いく。

作業の段取りからいえば、すべての育苗箱を並べ終わってからラブシートをかけたほうがいいようにみえるが、枚数が多いときは致命的なマイナスとなる。それは、最初に並べた育苗箱の乾燥が進み、生育ムラが発生するからである。私は育苗箱がある程度並んだら、まず白色のラブシートを被覆して、育苗箱の乾燥を防ぐ。そして、並べ終わったときにはラブシートですべて覆われている状態にして、最後にシルバーポリ（遮光率八〇％）で育苗箱全体を包み込む。

2．覆いをとるタイミングとラクラク後片づけ

シルバーポリやラブシートなどの被覆シートをはがすタイミングが意外とむずかしい。ついつい育苗箱内の全体の出芽を見てからはがしがちだが、これが大きな間違いだ。必ず苗が徒長してしまう。私の場合、被覆シートをはがすのは、45ページの写真のように育苗箱に何本かの出芽を見つけたらすぐである。おおよそ、育苗ハウスに苗箱を並べてから五〜七日目。全部の芽が出揃ってからはがしたのでは、徒長癖がついてしまう。被覆をはがしてからさらに五〜七日たったら、以降は昼夜開放にしてしまう。霜が降りても気にしない。徒長を避けるほうが優先である。

被覆シートのはがし方にもコツがある。被覆シートの内側は濡れているから、そのまま折りたたむと乾かない。シルバーポリはすぐに使えなくなってしまう。いったん、はいでから乾かすのは手間がかかる。そこで私は、右ページの写真のように二本の棒を用意して、シートの端っこを棒の間に挟み込んで固定し、広げたまま裏返しの状態で引っ張っていく。こうすると、育苗ハウス内は高温だから、引っ張っていく間にシートの裏面が自然と乾いてしまう。あとは、そのままたたむだけですむ。ラブシートも同じ要領で片づける。これだけのことで、シートは何年も使えるから、コストダウンに結びつく。

3．角材使った苗踏みで鍛える

苗は本葉一・五葉（被覆シートをはいでから七日目ころ）になると、自分で床土の肥料を吸収し始める。そこで、私は苗が二葉期になったら「苗踏み」を開始する。大変なようだが、この作業は苗の根がらみをよくし、徒

角材による苗踏み法

角材を引っ張るスピードは，1回目はゆっくり「やさしくなでるように」。2回目以降だんだん速めにする

角材で踏んでも苗はビュンビュン音を立てながら立ち上がる。多少葉先がちぎれても，根っこはしっかり張るから問題ない

長を防ぐすばらしい効果がある。三〇〇〇箱も同時に育苗し、委託された田んぼに順次植えていく私にとって欠かせない作業となっている。

やり方はいろいろあるが、私は「苗踏み」に角材を使う。作業がラクだし、速い。三〇〇〇枚もの苗踏みは、この方法でなくてはとてもやっていられない。

使っている角材は、四寸角、長さ三m。この角材の両端にハウスで使うハウスバンドをくくりつける。このとき，両端にバンドを結びつけたあと、さらに両端を左右逆向きに二巻きほどして、手もとで角材の動きをコントロールできるようにしておく。上の写真のように長靴を履いて苗箱の上に乗り、引っ張っていく。角材を斜めにすると引っ張りやすいし、育苗箱の角にもひっかかりにくい。踏んでいるというより、引きずっているというほうがあたっている。苗の葉はすれるし、葉がちぎれる苗も出てくるが、いっさい気にしなくていい。

はじめの一～三日間はゆっくりやさしく一度だけ。苗が小さいときは角材が箱にあたってカタカタと音がするが、まったく心配ない。二～三日もたてば音はしなくなる。

以降は、若干スピードをあげて二回り角材を引きずる

ようにする。二度目は一度目と反対から回り始めるとい い。双方向から引っ張ることによって、葉の伸長抑制と根の発達を促す。よく観察しながら七～一〇日間実施すれば草丈が揃う。こうすることで、背丈が低く、根のマットもしっかり形成され、76ページにあるように、苗搬出の際に積み重ねることができ、植えればすぐに活着する苗に育つ。

苗踏みするのは、朝十時まで。この時刻までに苗踏みも兼ねて苗の朝露を落としてやると、日中、気化熱を奪われることがないため、光合成量が高まる。これは灌水にもあてはまる。灌水は苗踏みの前にすませておくこと。

伸びすぎた苗はヘッジトリマーで剪葉するにかぎる！

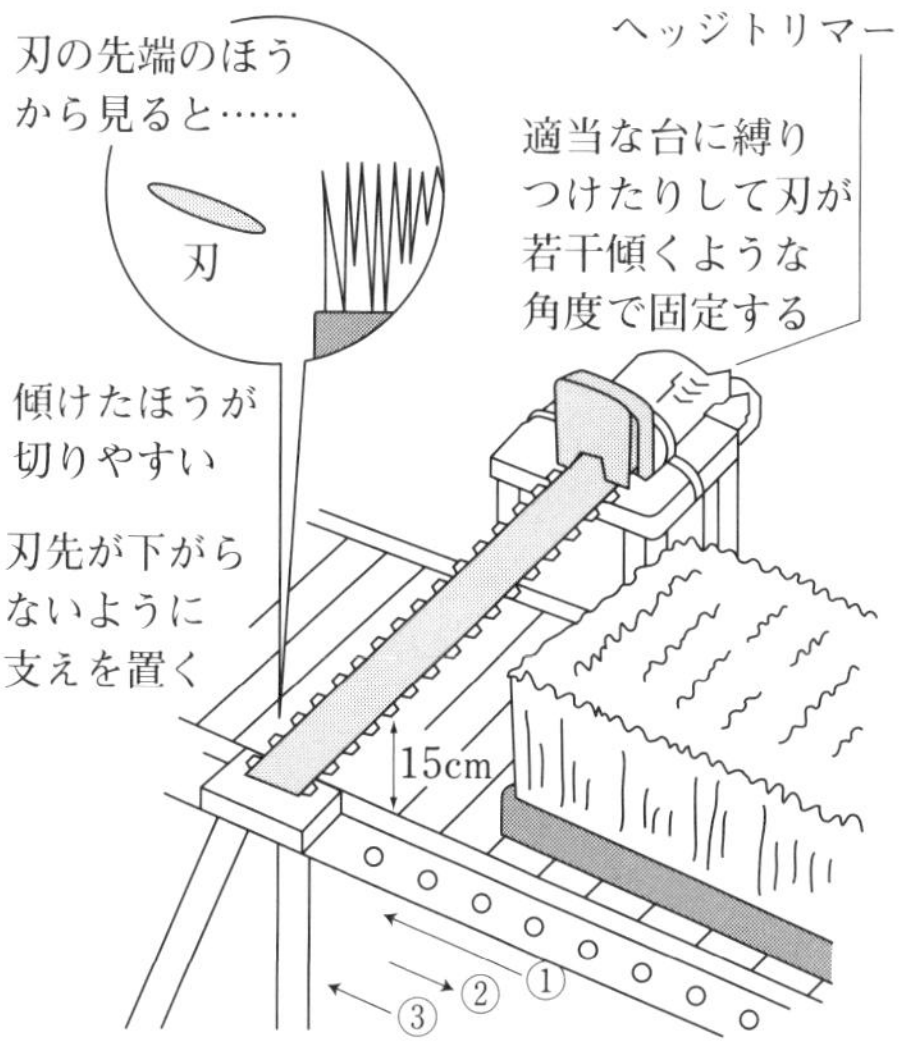

ヘッジトリマー
刃の先端のほうから見ると……
刃
適当な台に縛りつけたりして刃が若干傾くような角度で固定する
傾けたほうが切りやすい
刃先が下がらないように支えを置く
15cm
①
②
③

①で端まで通して全面刈りしたあと
②で軽く引き戻して端のほうのなびいた葉を切り
③で向こう側に送る

4. 伸びすぎた苗の応急処置「剪葉」の方法

伸びすぎた苗は、葉を切ったほうがいい。二〇cmも伸びた苗だと、かき取る爪に葉が引っかかって、苗がころんだり、欠株の原因になる。そんなときは上図のような手づくり装置で剪葉するに限る。

使うのは、庭木の剪定に用いるヘッジトリマーと、育苗のときに使う苗送り台。苗送り台の片側に、ヘッジトリマーを一〇cm程度の高さに刃がくるようにセットする。伸びすぎた苗を苗送り台に置いて、ヘッジトリマーの刃のほうに押していく。端まで送って全面を刈ったら、いったん軽く引き戻して、端のほうの、なびいて刈れなかった葉を切り、向こう側に押し出す。

作業の実際
田んぼの準備編

アゼ塗り●●●

耕　親父にアゼ塗り機買ってもらったんだけど、グニャグニャに曲がるし、すぐアゼが壊れるし……

サト　どんなふうにやってるの？

耕　まっすぐにしなくちゃって、後ろの仕上がりを見ながら、ていねいにやってるんだけどな……

サト　それじゃダメ！　最初にちゃんとアゼ塗り機を調整した？

耕　とりあえずアゼに密着させて始めたつもりなんだけど……

サト　あ～ぁ。耕作くん、それじゃ全部ダメだよ

耕　……

サトちゃんの目

アゼ塗り一つで一俵違う！　ていねいゆっくりのアゼ塗りは、グニャグニャで壊れやすいアゼしかできない。「ザーッとスピードザラザラ仕上げ」でいく。水管理はラクになるし、除草剤の効果も全然違う！

1．春一番！　一俵差をつける分かれ道作業

みんなが思っている以上に重要な作業がアゼ塗りである。目的は、①水漏れを防ぐ、②深水にできるように盛る、③植え付けの基準になるまっすぐなアゼをつくる、の三点。これがきちんとできているかどうかで、あとあとの水管理や除草剤の効果などに大きな違いがでる。

アゼ塗り機も今では一般化してきて、以前のようにアゼをピカピカに塗って納得している人も多いが、かえってもろいアゼになっていることが多い。「ゆっくりていねいにピカピカ仕上げ」より「ザーッとスピードザラザラ仕上げ」である。アゼ塗りの上手下手で一俵くらいの差がでることもある。

アゼ塗りで差をつける！　まずは水平セッティングが決め手

アゼ塗りの上手下手の差は，まずは作業する前に，アゼ塗り機がトラクタに水平にセッティングされているかどうかで決まる

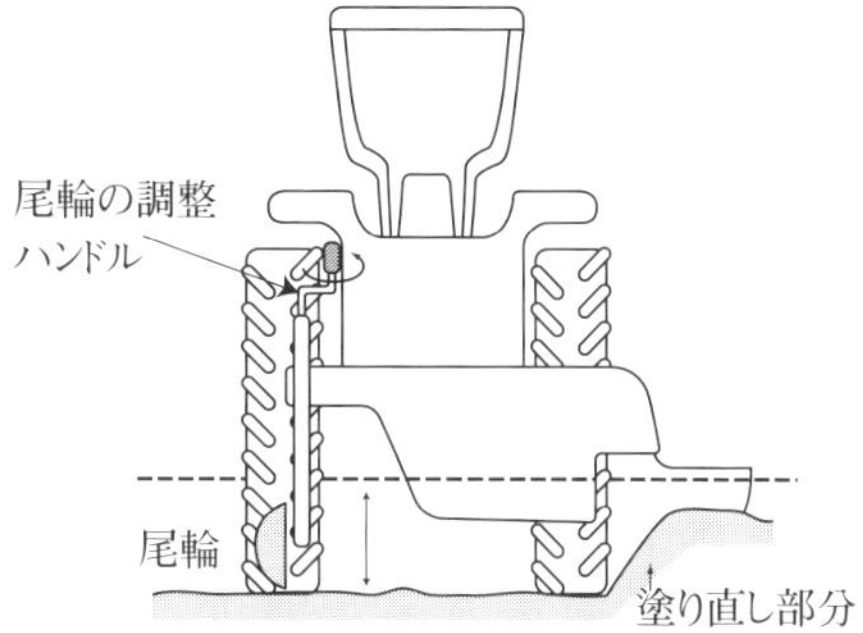

①尾輪の高さを調整して
アゼ塗り機を左右水平に
尾輪の調整
ハンドル
尾輪
塗り直し部分
を締める

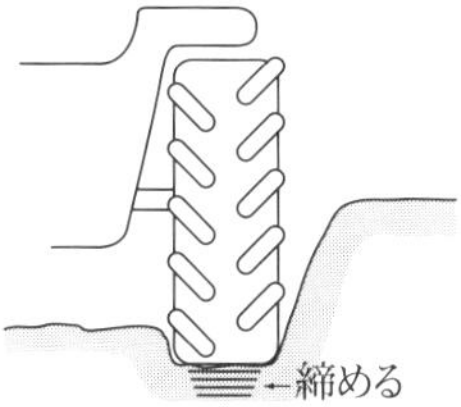

③ 最後にアゼ際の溝を
タイヤで踏み固めて水漏れ
をなくす
締める

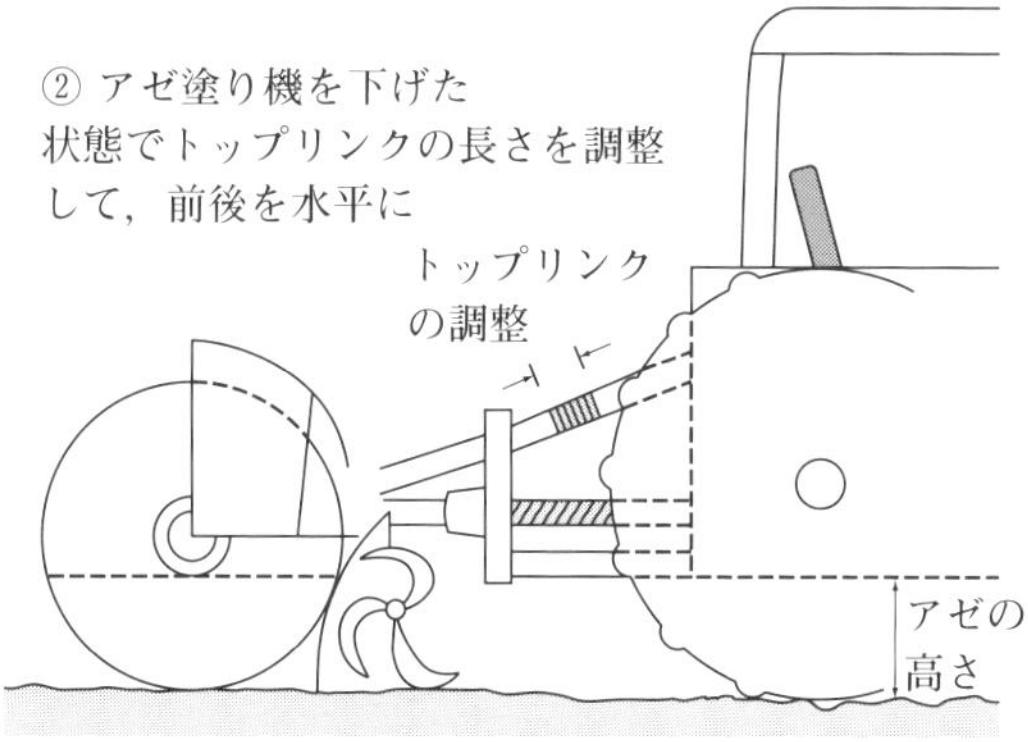

② アゼ塗り機を下げた
状態でトップリンクの長さを調整
して，前後を水平に
トップリンク
の調整
アゼの
高さ

※ アゼ塗り中はトラクタの水平自動制御（モンロー）を切っておく

2. まずはアゼ塗り機水平セッティング

耕起のときのロータリのセッティング方法と同様である。上の図のように、作業状態にしたときに、作業機を下ろして作業機が水平になるようにトップリンクの長さを調整する。

次に、尾輪を上げ下げして左右の水平をとる。このとき、尾輪がしっかり土に刺さった状態で水平になるようにしておく。そうしておかないと、掘った土を盛る作業ができない。セッティングがすんだら数mアゼを塗ってみて、微調整を行なう。

微調整の試しアゼ塗りで曲がったときは、迷わずバックで戻って、最初から塗り直すこと。曲がりを修正しながら進めるよりよほど早いし、きれいに仕上がる。

3. 遠くを見て一〇〇m・一分のスピード仕上げ

①モンローをOFFにする

トラクタの水平自動制御（モンロー）をOFFにして、アゼ塗りを開始する。これは、モンローの油圧シリンダーが右側にのみ付いているため、勝手に右側だけモンローが作動して、かえってグニャグニャに曲がってしまうからである。

②片手ハンドルで動かさない

アゼ塗り作業は、遠くにあるイナ株などを見つめて、ハンドルは片手で握って動かさない。後方確認はサイドミラーで行なう。実際にやってみればわかるが、こぶし一つ分ハンドルを動かしても、アゼはクネクネに曲がってしまう。

③振り向き厳禁！　時速五㎞でサーッと塗る

曲がらないようにとしょっちゅう後ろを振り向いて確認して、アゼの表面がテカテカになるようゆっくりと作業している人があるが、かえってマイナスである。時速五km（一〇〇mのアゼなら一分で終わる感じ）でサーッと塗っていくのがコツだ。

その理由は、ゆっくりと塗ってテカテカに仕上げたアゼは、乾いたときに表面の水分だけが抜けて割れてしまうからである。サーッと塗ったときは、表面はザラザラした仕上がりとなるが、アゼの内部と水分の出入りが可能になるため、割れずに長持ちしてくれる。

現在は各種のアゼ塗り機が市販されているが、私は円筒部の径が大きいニプロ製のものが、アゼが長持ちすると感じて愛用している。

④最後にアゼ際をタイヤで踏みつける

反対側までアゼ塗りを終えたら、帰りは機械でできたアゼ際の溝を、タイヤで踏みしめながら帰ってくる。アゼを踏みつけるくらいのつもりで、ギリギリを踏んでいく。これで、アゼ際の底の部分からの漏水が抑えられ、ビックリするほど水持ちがよくなる。もちろんアゼシートも不要である。

振り返って後ろを見ながら隅に寄せると…

見事にグニャグニャのアゼ。なんでこうなったんだろう？

答

アゼ塗りを始める前にトラクタを田んぼの隅に寄せるところが次の運命の分かれ道。
このアゼは下の写真のように振り返って後ろを見ながら寄せてしまった。これだとアゼギリギリに寄せることばかりに意識がいって，最終的に止まったときのトラクタの向きまで気が回らなくなりやすい。そのまま塗り始めると塗りながらまっすぐに修正しようとして，どうしてもグニャグニャになる

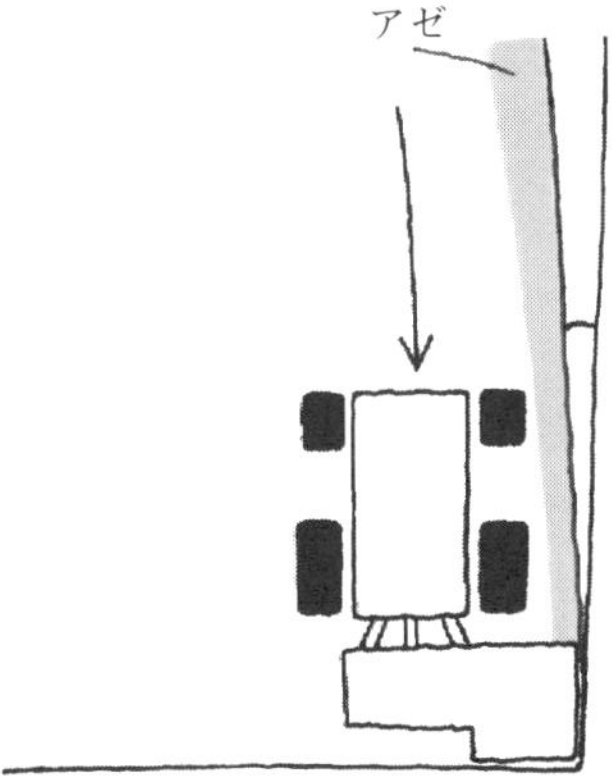

前を見たまま隅に寄せると…

最初からトラクタをまっすぐに向けて，そのままハンドルをピクリとも動かさずに塗った，ビシーッとまっすぐのアゼ

技

後ろを振り返らずに隅に寄せればいい。まずアゼ際にトラクタをピッタリ寄せて，そのときのセンターマークとイナ株の位置を覚えたら，サイドミラーで後ろの距離を確認しながらまっすぐ下がる。これでトラクタの向きが曲がる心配もない

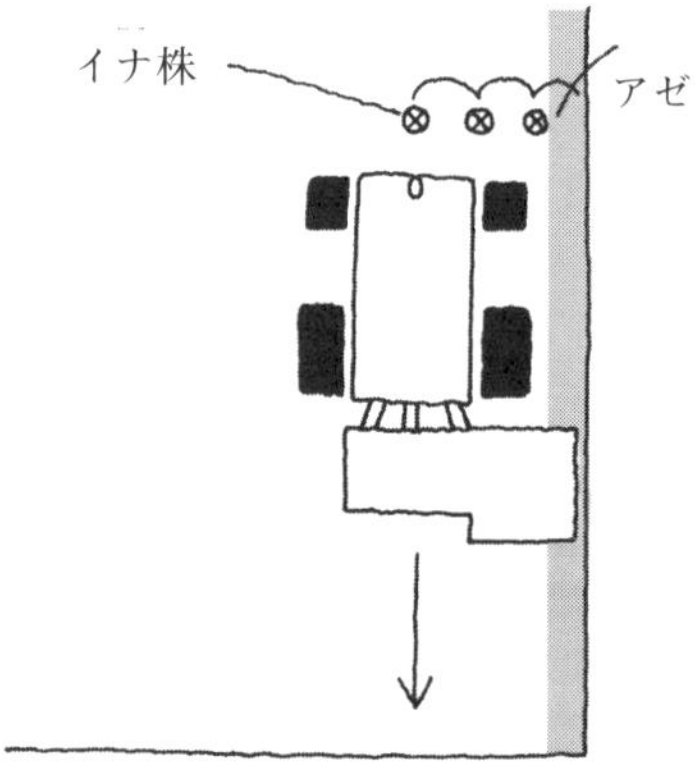

荒起こし（耕起）

サト　耕作くん、ずいぶんていねいに耕してたねえ。あのペースじゃ、一日に一町もできないなあ。

耕　ゆっくりやらなきゃ平らにできないと思って……

サト　慎重にやればいいってもんじゃないよ。耕作くん、深く耕さなきゃいけないと思ってるでしょ？

耕　そりゃそうだよ。昔から常識じゃない！　それくらい知ってるよ！

サト　それが違うんだなぁ。浅くてもいいからザッと粗く耕したほうがいい。作業も早いし。

耕　そんなことしたら、ますます平らにできないよ～

サトちゃんの目

荒起こしの一番の目的は、前年の収穫時にできたコンバインのクローラ跡を消しながら平らな耕盤をつくること。下手な人が深く耕そうとすると、耕うん跡にタイヤを落として、かえってデコボコになる。

1．「浅く粗く」——耕深一〇cmで均平な耕盤つくり

「耕深一〇cmで均平な耕盤つくり」が荒起こしの目的である。深くていねいに耕して土を細かくしたほうがいいように思いがちだが、プラウと違って、ロータリで耕起する今は深い部分まで土を細かくしてしまう。そのせいで土の乾燥が遅れ、おまけに深いために代かきのときに車輪をとられたり、トラクタが沈んだりする原因となる。もちろんイネにとってもいいことなし！　土を練りすぎて苗の活着を悪くする。

ロータリ耕起の場合は、「浅く粗く耕起する」ことである。耕深一〇cmでいい。この深さだと、耕起するにもスピードが速いし、負荷がかからないから低燃費。むりしないから田んぼの土も荒れない。続く代かき作業もス

ムーズである。

そのためには、機械の事前チェックと片輪落ちしない作業前のコースどり、オート機能などトラクタに備わっている機能をうまく生かす運転操作がポイントである。

2．作業開始前の四つのチェックポイント

耕起作業を開始する前にやっておくことが四つある。これをやっておかないと、耕作くんみたいに、仕事が思いどおりに進まないし、燃料のロス、時間のロスが発生する。もちろん仕上がりもダメ。本来は機械の説明書に沿って行なうべきだが、ここでは四点にしぼる。

三点リンクを調整する　トラクタのＰＴＯ軸と作業機の水平をとる。作業機の軸箱かレベルを見ながら、トップリンクの長さを調整する。これができていないと、動力伝達に損失が出る。これはロータリだけの話ではなく、アゼ塗りや代かきのときも同様である。詳細はアゼ塗りの項参照。

作業機の上下する速度を同じにする　作業機によって重量が異なるため、リフトレバーを操作したときの落下速度が違ってくる。リフトレバーを操作してみて、上がる速度と下がる速度が同じになるように、トラクタの座席下についている油圧調節で調整し、自分の作業感覚とすりあわせておく。面倒くさいようだが、これをやっておくかどうかで、作業の精度はうんと違う。

オート機構の動作確認　尾輪が付いていない今の作業機では必須の作業である。耕深オートをオンにして作業機を下ろし、均平板を手で持ち上げてみる。そのときに作業機が上下しないようであれば、センサーが故障しているか、オート機構調節ダイヤルの位置がおかしい証拠である。均平板を上下させてみて、正しく動くようになるまで調整する。最近の作業機は、尾輪の代わりに主に均平板が深さを検知している機種が多いため、この部分が狂っていては、耕盤の深さを揃えるなど不可能である。なお、均平板の押さえのスプリングは、固めにセットしておくとよい。

事前の耕深確認　数ｍ耕して、その耕深が、設定どおりの目的の深さになっているかをトラクタから降りて確認する。ここだけは、面倒でも設定どおりになるまで繰り返す。耕深一〇㎝を実現するための重要な点である。

3. 田を荒らさない荒起こしのコースどり

トラクタの作業機の幅を確認し、田んぼの幅を測って、何列で耕すかを計算する。いちど計算しておけば、同じ作業機を使うのであれば翌年からは必要なくなるから、田んぼごとに記録しておくといい。

何列で耕し終わるかを計算する

（例）幅18mの田んぼを，1.7m幅のロータリで耕す場合

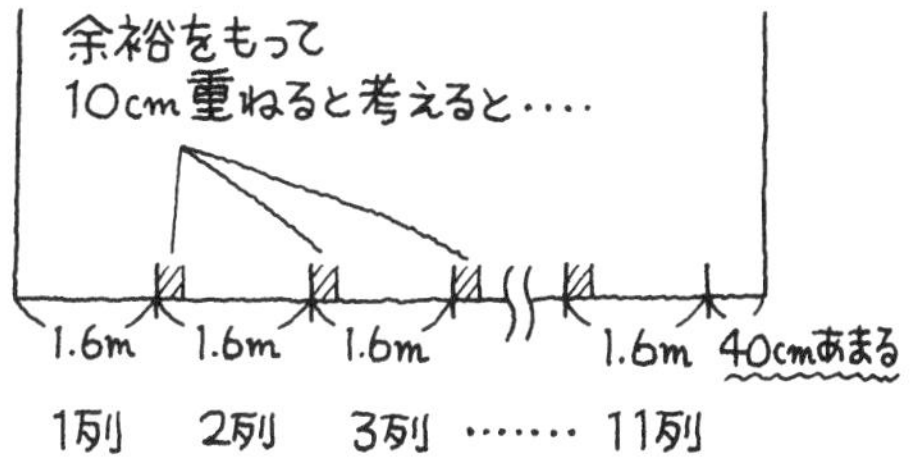
余裕をもって
10cm重ねると考えると….
1.6m
1.6m
1.6m
1.6m
40cmあまる
1列
2列
3列
……
11列

40cmの余りは中途半端なので，重ねる幅を小さくすればいい。
40cm÷11列＝約3.6cmでピッタリ11列。
「だいたい5cmくらい重ねれば大丈夫」と見当がつく

①何列で耕し終わるかを計算する

上図は、幅一八mの田んぼを、作業幅一・七mのロータリで耕す場合の計算方法である。ふつうに作業幅いっぱいに耕していくと、最後に四〇cmが残ってしまう。こんな場合は、意識的に作業幅に重なる部分を織り込んでいく。この場合、計算上では三・六cmの重なりをめどに耕していくとぴったりだが、あまりに細かいから、「だいたい五cmの重なりで」と意識して耕していくといい。一一列だと、隣接耕五列と周回耕三列で耕せば、耕起跡にタイヤを落とすことなくできるとわかる。

②コースどりの決め方

次ページの図が、何列で耕し終わるかを計算した私のコースどり。残耕をなくし、できるだけタイヤが耕した部分に落ちないように考えた。入口が出口となるため、最後の列の耕起をしてすぐに脱出できる作業スタート位置を決めている。列の数が奇数の場合は、「入口とは反対側からスタートする」と覚えておくとよい。

スタート位置　周回耕三列分（重なり分を除いて一・六五m×三＝約五m）＋二分の一列分の幅（八三cm）＝約五・八mの位置を測り、遠いほうのアゼに目立つ棒（工事現場で使う紅白の棒や枝など）を立てて目印にす

耕盤を均平に仕上げる荒起こしのコースどり

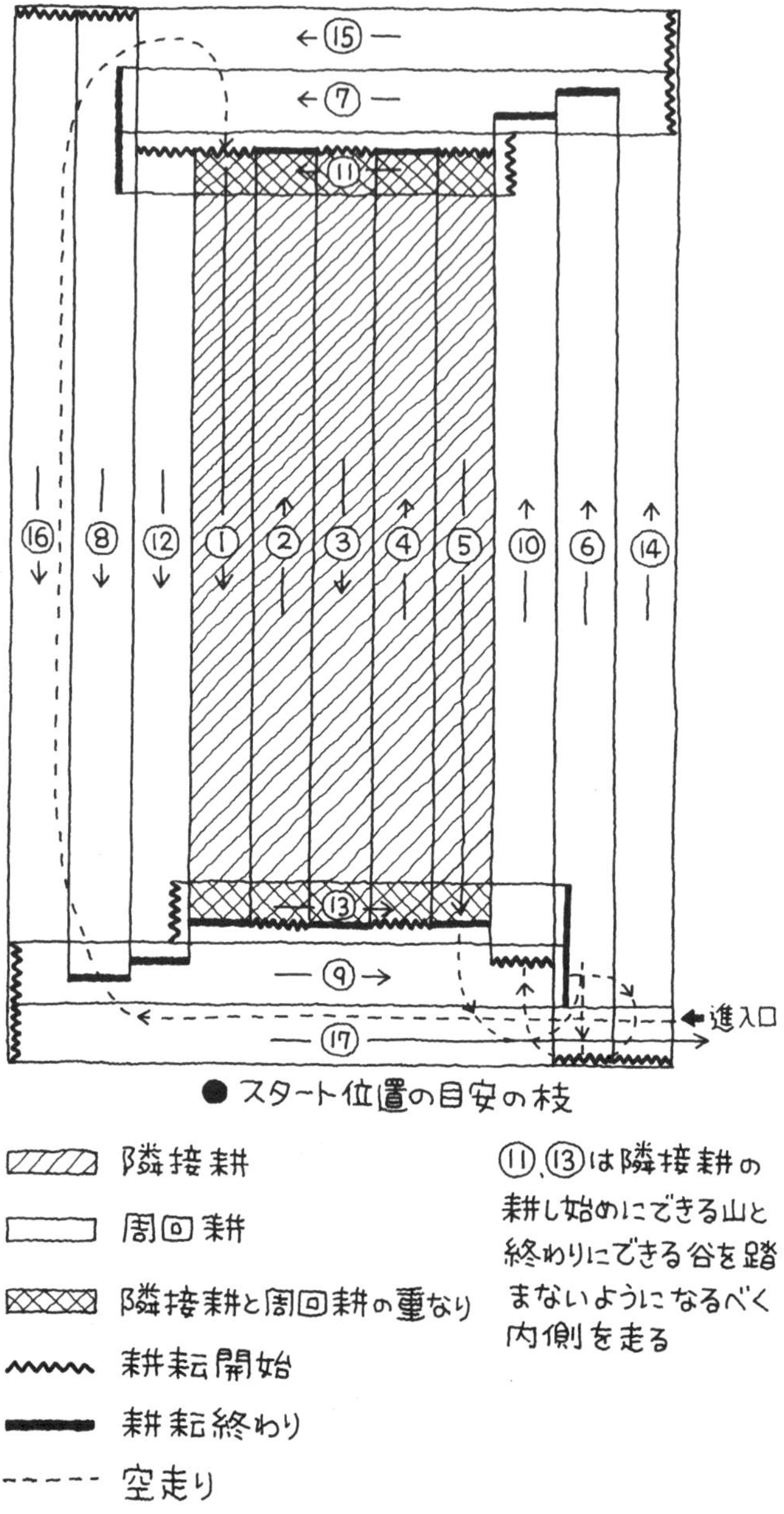
⑮
⑦
⑪
⑯
⑧
⑫
①
②
③
④
⑤
⑩
⑥
⑭
⑬
⑨
⑰
進入口
● スタート位置の目安の枝
隣接耕
周回耕
隣接耕と周回耕の重なり
耕耘開始
耕耘終わり
空走り
⑪、⑬は隣接耕の耕し始めにできる山と終わりにできる谷を踏まないようになるべく内側を走る

る。脱出のしやすさもコースどりのときに考えておく。

周回耕は中→内→外の順番　右ページの図の田んぼなら、隣接耕五列＋周回耕三列。周回耕を三列にしているのは、トラクタによる旋回にゆとりをもちたいと考えたからである。三列の周回耕の場合、ふつうは内側から外側に向かって順に耕していきたくなるが、そうした場合、一番外側の周回耕の幅（耕していない部分）が狭くなって、片輪落ちになってしまうことが多い。

アゼ際での片輪落ちは避けたい。なぜなら、トラクタの水平制御機能が働いても、ロータリのカバーがとりわけ硬いアゼ際の土につっかえてしまい、傾いたまま耕すことになってしまう。つまり、最大の目的である耕盤の水平が崩れてしまうからである。

そこで、周回耕のときは、図のように、一番外側の幅をきちんと測ったうえで、中→内→外の順番で耕していく。こうすることで、一番外側の周回耕は耕した部分に左右のタイヤを落とすことなく耕起できるため、水平がきっちりとれた耕盤となる。

4．耕盤を平らに仕上げる耕起法

①燃料代節約のためのＰＴＯと主変速の設定

前述したように、私の耕起の目的は、土を細かくすることではない。耕盤を均平にするのが目的である。そのためには、作業機を駆動するＰＴＯのギアを一番遅い「一速」に、走行ギアはエンジン回転数が落ちない範囲で、主変速を一番速いギアまで上げる。エンジンの音と回転数のメーターに注意しながらギアを上げていく。これで、耕うんに要する時間も燃料も三～五割カットできる。ただし、旋回時には転倒しないようギアを下げること。

②ロータリの上げ下げはやらない

ていねいにやらなきゃと思って失敗するのが作業中のロータリの上げ下げ。トラクタに乗ると上がり下がりを敏感に感じて、ていねいにやろうとする人ほど、耕す深さを調節しようとしてロータリを上げたり下げたりしてしまう。人の目を気にした耕作くんもそうだった。それがよくない。調整しているつもりで、自分でデコボコをつくっている。

つまりこういうこと。たとえば前輪がぐっと沈むと

「あ、ロータリが上がっちゃう」と思って下げる。そうこうしているうちにトラクタは前に進むから、すぐに後輪が沈む。そうすると下げたロータリがますます深く土に食い込んでしまうことになる。耕盤デコボコの完成である。耕している最中に回転数が落ちてエンジン音が変わったのを感じると思うが、それは、耕す深さがまちまちになっている証拠だ。

人間の反応と、機械の動きにはズレがあるもの。それをあわせようとするのは至難の業で、経験の浅い人がロータリを上げ下げするのはむりというもの。まして事前の点検をやらない人は、やめたほうがいい。

③振り返るな！　確認はサイドミラーで

ロータリの上げ下げよりも、まず気をつけなければならないのが、コースどりに合わせて遠くの目標を決めてまっすぐに運転すること。心配性の人は、何回も振り返って確認しているが、これもむだである。列の曲がりが気になって振り向くから、ますます曲がって「残耕」がでる。後ろの確認にはサイドミラーの角度を下げて、作業跡が見えるようにしておく。農機具のバックミラーは道路運転のために付いているわけではないのだ。

それともう一つ、列同士をぴったりと揃えようとしてギリギリに耕していくと、結局は耕せない部分を残してしまう。最初からある程度重ねて耕したほうが安心である。

④四隅とアゼ際耕起のテクニック

四隅は二七〇度ターンで　四隅は切り返しなどが頻繁に行なわれるため、どうしても耕盤が深くなったり、土をこね回しすぎたりしてしまう。九〇度方向を変えるとき、トラクタが備えている倍速ターンの機能を生かして、左ページ図のような二七〇度ターンを多用する。この方法だと切り返す手間が省けて、作業も速い。土も荒れない。

アゼ際耕起の「三秒ルール」　四隅の耕起は重要であるにもかかわらず、急ぐあまりに、①作業機をアゼ際ぴったりまで寄せていない、②作業機を耕盤の位置まで下げてからスタートしていない、といったミスをおかしていることが多い。これでは四隅は耕されないままだし、耕盤も浅くなってしまう。そこで心がけているのが「三秒ルール」である。

まず、左ページ写真のようにトラクタをバックさせ、作業機を四隅ぎりぎりまで寄せる。ロータリの均平板がアゼに乗り上げるくらいのつもりでやる。そこでいったん停止して、作業機を回しながら下ろし、設定した深さまでロータリが沈んだところでさらに、一、二、三と三秒ほどそのまま耕してから前進する。これだけのことで、耕盤の凹凸がなくなり、細かく砕土した土は均平板で引っ張られて、表面も平らに仕上がる。

5. 残耕がでたときの対処法

基本的には、少々残耕がでても気にしないことだ。他人の目が気になって、残耕をなくそうと、見つけては田んぼの中を走り回る人がいるが、耕盤の凸凹をつくっているだけである。少々残耕があっても、代かきのときに補えばよいと割り切る。時間もむだだし、燃料代もむだだ。

土の練りすぎを防ぐ四隅の270°ターン

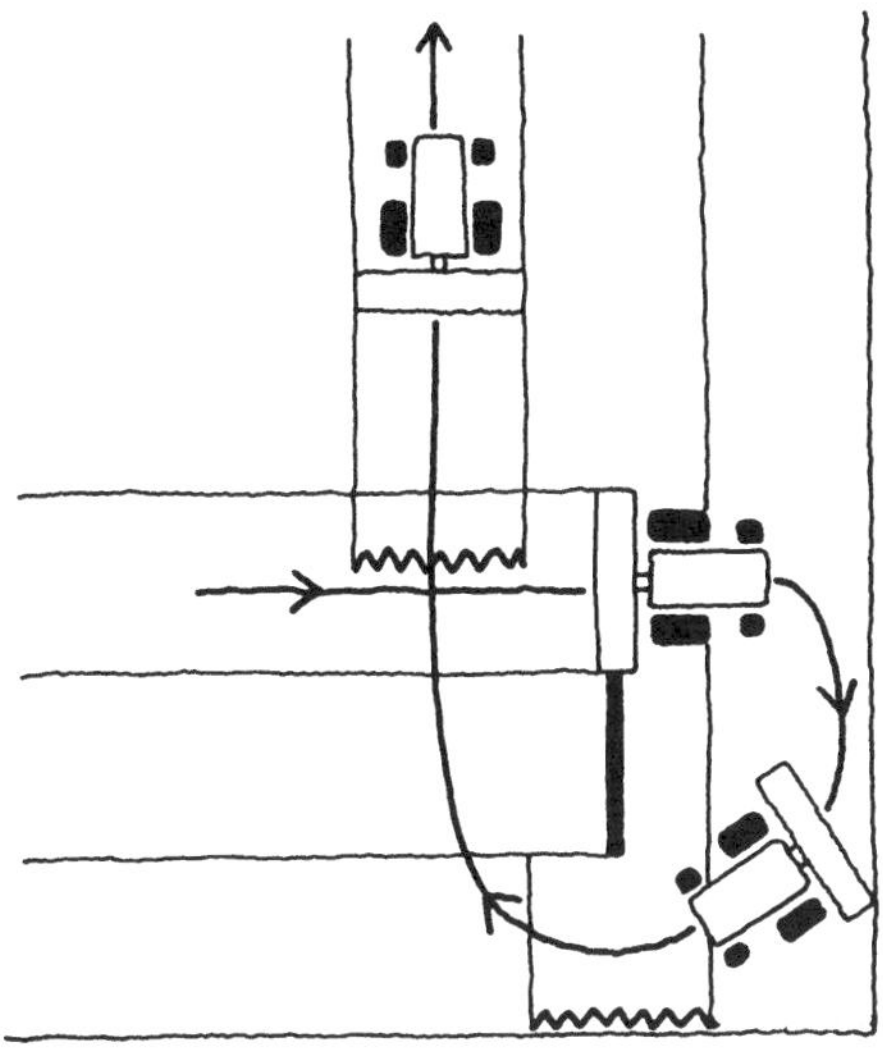

アゼ際まで耕盤の深さを揃える「アゼ際耕起の３秒ルール」

ロータリの均平板がアゼに乗り上げるくらいの位置までバックで寄せ，停止した状態でロータリを回しながら下げる。このとき，均平板を押さえるバネを強くしておく

ロータリが設定の耕深まで沈んだところで3秒おいてからゆっくり前進。これで四隅のアゼ際まできっちり耕すことができる

水入れ

耕　サトちゃん、代かきの準備やってるの？　田んぼに水が入ってないみたいだけど……

サト　いやぁ、入ってるよ。あれで十分だよ。

耕　だって、土の塊がゴロゴロ見えているじゃない！　水はところどころにちょこっとあるだけだよ。

サト　いいの、いいの。代かきすると、終わったときにちょうど土の表面に二cmくらい水が乗ってるよ。

耕　あれくらいの水で平らに代かきできるの？

サト　あれくらいだからちゃんとできるのよ！

代かきにちょうどいい水量

サトちゃんの目

多すぎる代かき水は、田面が見えないからどこまで代かきしたのかわからなくなるし、土が水と一緒に逃げてしまうからダメ！

1. 土塊が見えるていどのヒタヒタ水

代かきがうまくいくかどうかは、代かき水の量が重要になる。私が見るところ、みんな水の量が多すぎる。水を入れただけの段階で土塊が見えないようではダメ。これではどこまで代かきが終わったのかがわからない。ついつい何回も同じところを代かきして土を練っているだけで、かえって耕盤をデコボコにしている。

代かき水は、土塊があちこちに見える上の写真くらいで十分だ。これで、水深は一cmていど。代かきが終わったときに水深二cmになるのが理想的な代かき水の量。

2. 塩ビ管利用の簡易水位調節装置

水位を調節するのに便利なのが、塩ビ管を利用した左ページ図のような水位調節装置である。簡単だから代かき作業の前に設置しておくといい。水尻部分のアゼに塩ビ管を埋め込み、田んぼ側にエルボー管をつないで使用する。アゼ塗り作業のときにぶつかって壊さないように、塩ビ管は少しアゼ側に引っ込ませて設置しておく。

ラクラク水管理のための簡易水位調節装置

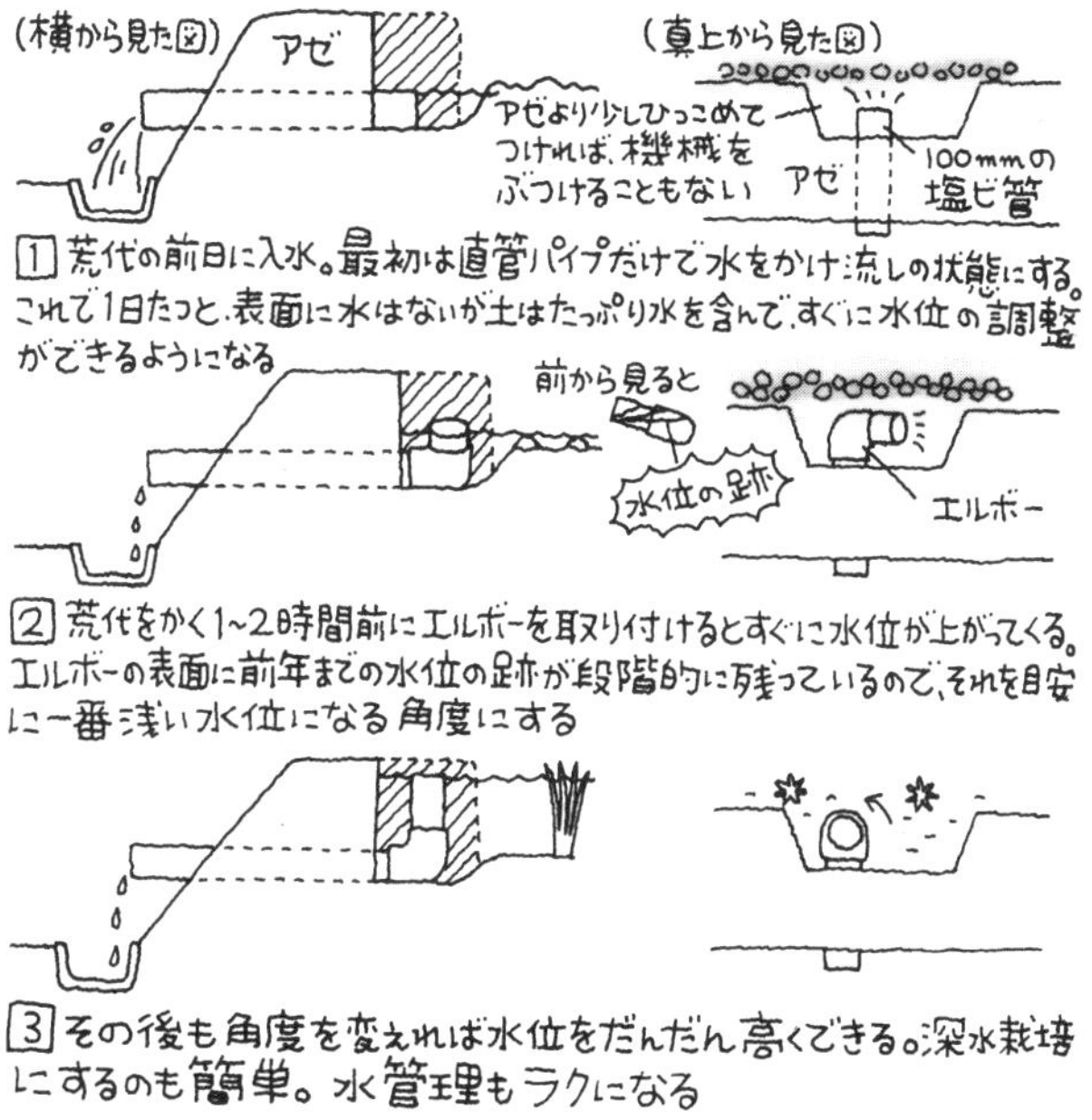
(横から見た図)
アゼ
アゼより少しひっこめてつければ、機械をぶつけることもない
(真上から見た図)
アゼ
100mmの塩ビ管
1 荒代の前日に入水。最初は直管パイプだけで水をかけ流しの状態にする。これで1日たつと、表面に水はないが土はたっぷり水を含んで、すぐに水位の調整ができるようになる
前から見ると
水位の跡
エルボー
2 荒代をかく1~2時間前にエルボーを取り付けるとすぐに水位が上がってくる。エルボーの表面に前年までの水位の跡が段階的に残っているので、それを目安に一番浅い水位になる角度にする
3 その後も角度を変えれば水位をだんだん高くできる。深水栽培にするのも簡単。水管理もラクになる

代かき水を入れるときには、エルボー管は付けずに田んぼに水が溜まるのを待つ。水が溜まったところでエルボー管をはめる。水尻を開けていても水は溜まる。これで「水の入れすぎ」を減らすことができる。入れすぎた水を抜くためにもう一度田んぼに行くなんてむだはやめる。

　代かき前に、水深が一cmになるようにエルボー管をセットする。これは、水が抜けないようにすることと、この水位の高さで田植えができるようにするためである。このときエルボー管を強く押し込んではいけない。密着しすぎて動かなくなるため、軽くあてるていどでよい。また、エルボー管に付ける水位調節用の塩ビ直管の長さは、自分の田の一番深い水位にあわせておく。

　以後、水位調節はこの塩ビ管で行なう。水位調節装置のエルボーの部分を起こしていけば、水位はしだいに高くなっていく。なお、代かきから田植えの時期までは一～二cmの水位にして、水はチョロチョロ流しっぱなしにしておく。

代かき

耕　代かきってむずかしいなぁ。何年やってもうまくいかない……

サト　何年ってほどやってないじゃないの！

耕　ていねいにやってるとサトちゃんからは「練りすぎっ！」って叱られるし、だいたい水の下を平らにするって無理だよ～

サト　代かき水の深さはちゃんとなってたの？　あとは、荒代のときの目印と代かきのやり方。グルグル回っているだけじゃダメ！

耕　……

サトちゃんの目

代かきの目的は、荒起こしでつくった平らな耕盤の上に平らな田面をつくること。水を二㎝はって田面がまったく見えないくらい平らになったら豊作間違いなし！

1．荒代は「土台づくり」　植代は「お化粧」

荒代かきと植代かきの二回行なうが、その目的はまったく異なる。荒代かきは「植え付け前の土台づくり」、言ってみれば耕起作業の仕上げである。植代かきは田植え機の爪が入る表層土の「お化粧」と考えている。荒代かきで土塊を砕いたあと、三日以上おいて、土と水が完全になじんでから植代かきを行なう。

2．代かきでやってはいけないこと

代かきでやってはいけないことは二つある。

一つは、土を細かくしようと田んぼをグルグル回りすること、もう一つは同じところを何度もていねいにかくことである。

グルグル回りすると土が外側（アゼ側）に寄せられて

しまい、中央部が低いすり鉢状の田んぼになって水はけを悪くしてしまう。また、何回もかきすぎると土が練られてしまい、田植え後は酸素不足になる。

　今の田植え機にはトロトロの代かきは不要。「荒代一回、植代一回」で十分である。それでみごとに植えてくれる。水持ちが心配なら、54ページで書いたように、アゼ際をトラクタのタイヤでしっかり踏んでおくほうが先だ。

荒代かきのコースどり

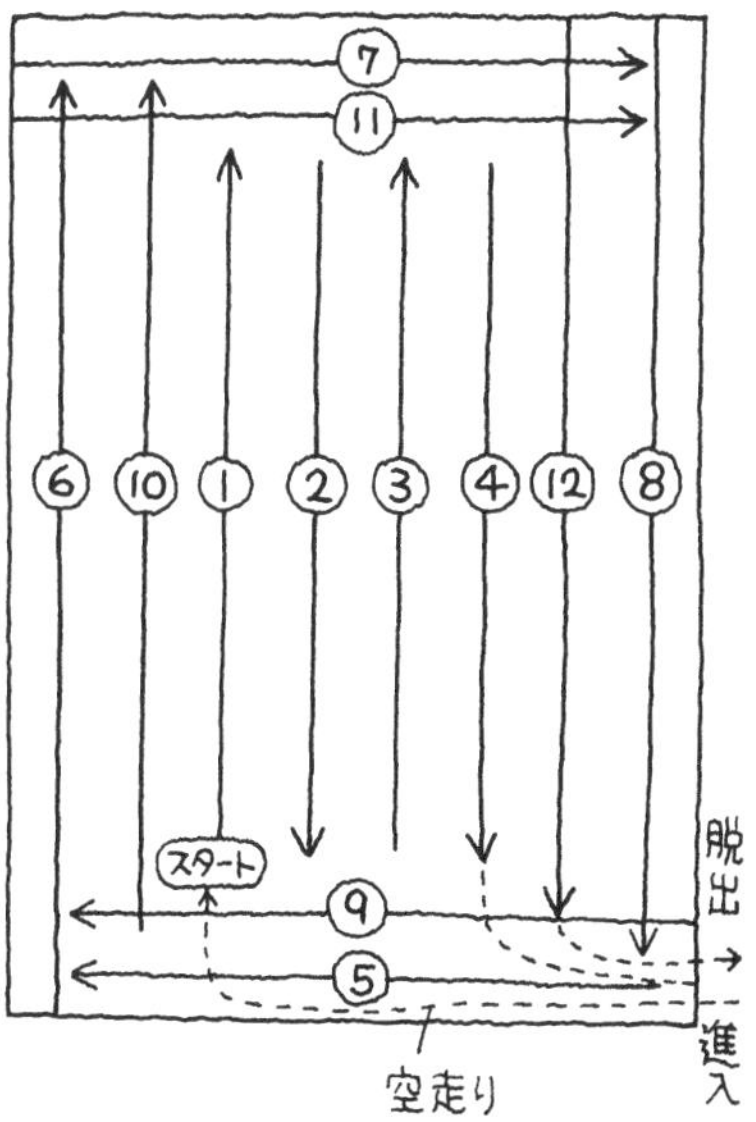

荒代かき

1．荒代かきのコースどり

荒起こしのコースどりと同様、代かきする田んぼの幅を測り、作業機（私の場合ドライブハロー。ロータリの場合でも同様）の作業幅で割って、何列必要になるかを割り出す。この田んぼの場合は八列となった。周回耕二列とし、残りの四列を隣接耕とする。

　荒代かきは、耕起のときとは逆に回ることにしている。これには三つの理由がある。

　第一には、耕起作業で数十cm移動した土を少しでももとに戻すためである。同じ方向でばかり作業を繰り返していると田んぼに高低をつくってしまう。

　第二には、耕起のコースどりの図（60ページ）と、荒代かきの上図の四隅を見るとわかるように、耕起と荒代かきで二方向から四隅の砕土と耕盤の均平を仕上げるためだ。耕起作業のときに二方向から仕上げることもできるが、切り返す時間もかかるし、田も荒れる。荒代かきの時点で仕上がれば問題はない。

　第三には、自動水平制御（モンロー）特有の動きでできてしまう耕盤の凸凹を少しでも消すためだ。モンローを動作させる油圧シリンダーは、右側のロアーリンクにしかついていないため、片輪が沈むところではわずかな掘りすぎができてしまう。この掘りすぎを増幅させないために荒起こしのときの逆回りをしている。

荒代かきのスタート位置は、アゼ際から二列分あけたところだ。そこから、前ページの図のように、中央の隣接耕を終えてから周回耕に入る。

2．速度ゆっくり、耕盤表面をカンナ仕上げのように

荒代かきの第一の目的は砕土である。田植えのときにタイヤがとられないように、荒起こしをした土塊を、握り拳くらいの大きさまで砕土する。第二の目的は耕盤の均平の仕上げで、耕起のときの残耕や耕深の浅くなってしまった部分を仕上げるということ。だから作業速度は耕起のときのようには速めない。設定は作業機の標準作業速度。耕す深さは耕起した深さと同じ（私の場合は一〇cm）にして、回転する爪が耕盤をなでるような位置にする。

荒代かきは、「作業速度はゆっくり」で、「耕盤の上面をカンナで仕上げるように」行なう作業なのだ。これで、荒起こしのときに残った残耕部分も削ることができ、平らな耕盤ができる。

3．荒代かきではわざと土盛りをつくる

ひたひた水の代かきには意味がある。じゃぶじゃぶ水ではなく、ひたひた水で代かきすると、代かき跡がしっかりと残ってくれる。それを意識的にいかして、私はドライブハローの端が、隣の列と重なるか重ならないかのぎりぎりの位置どりで運転する。そうすることで、左ページ写真のように、その境目に条のような「土盛り」ができ、荒代かきのコース跡を水面上に残すことができる。これがあれば、位置決めをしにくかった植代かきでも、正確にコースどりを確認することができ、代のかきすぎを防げる。

4．運転のコツ

①しっかり前を見て振り向かない

運転の方法は荒起こしのときと同様である。正面遠

方に目標を定めてまっすぐ進む。左右の位置どりと深さの確認は左右のミラーで行ない、体をひねって見ることはしない。

荒代かきではわざと土盛りをつくる

小さい土盛りでできた線

荒代の隣接耕は，隣の列とわざとギリギリ重なるくらいに走り，植代の目安にする線（土盛り）をつける

②ハローの調整は必ず停止して行なう

サイドミラーでは、水面を基準にして作業機の沈み具合を随時チェックし、耕盤が深くなっていてドライブハローの片側が沈んでいるようなら、必ず停止し、ハロー

荒代かきは「土台」づくり，植代かきは「化粧」と心得る

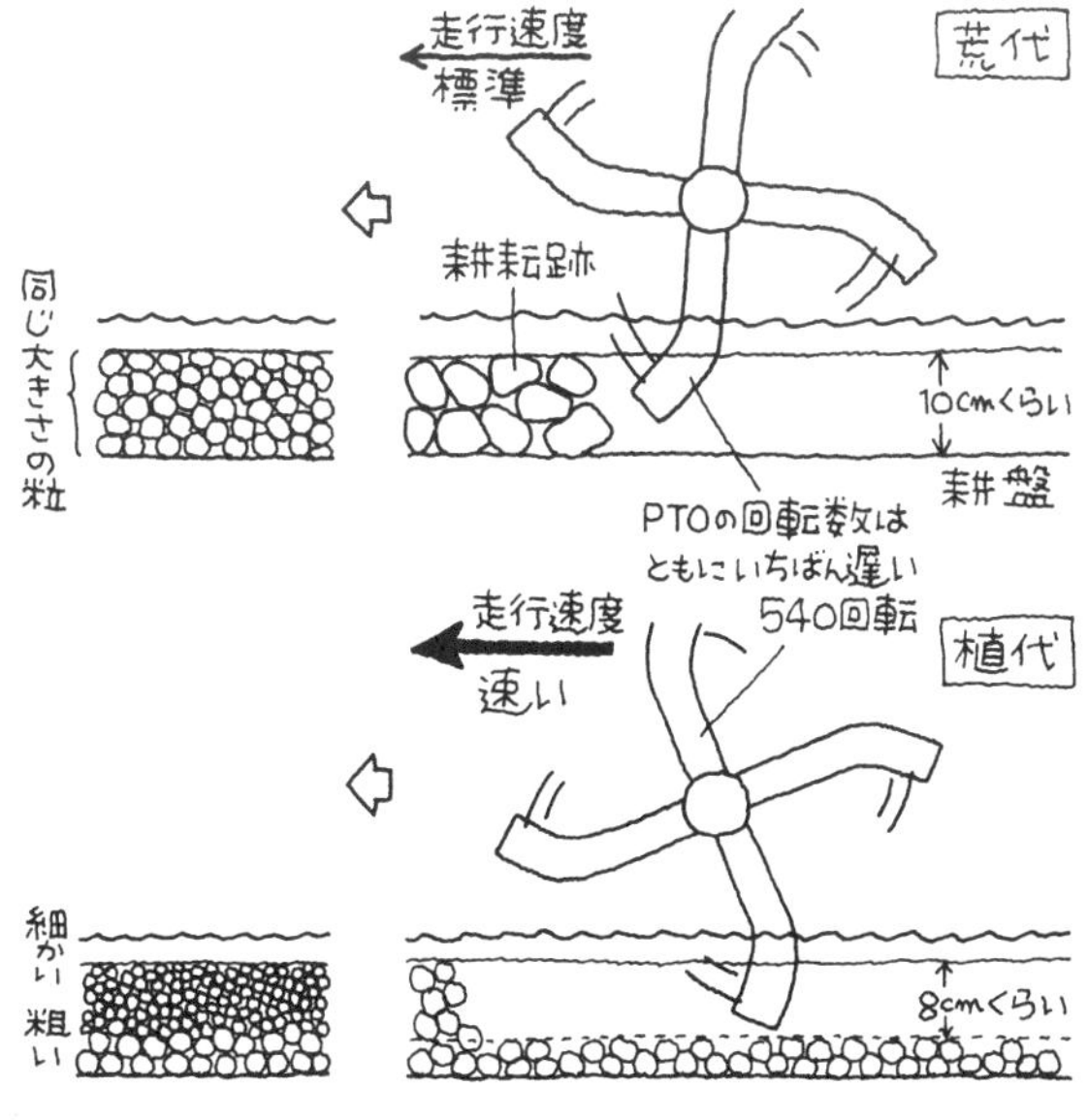
走行速度
標準
荒代
耕耘跡
同じ大きさの粒
10cmくらい
耕盤
PTOの回転数は
ともにいちばん遅い
540回転
走行速度
速い
植代
細かい
粗い
8cmくらい

にかかる水と土の動きが止まってから確認する。それでなおハローが傾いているようなら、作業機の水平を調整するダイヤル（トラクタ本体についている）で調整する。作業中に泥水が波打った中で修正しようとしても、かえって耕盤のデコボコをつくるだけである。

③旋回時はドライブハローを上げる

旋回するときは必ず作業機を上げること。代かきしながらハンドルを切ると、泥は外側に押し出されて寄ってしまう。田んぼでの旋回は必ずアゼに向かって行なうから、アゼ際に土が寄って、すり鉢状の田んぼになる。これでは自分自身で湿田をつくっているようなものである（左ページ写真）。

④アゼ際は、耕起作業の「三秒ルール」で

乾きがちの硬い四隅での荒代かきは、耕起作業のつもりで「三秒ルール」（63ページ参照）を使う。ハローをアゼ際までピッタリと寄せて、トラクタを停止したままでドライブハローを回し、きっちりと目標の深さまで起こし、それからゆっくりと前進する。アゼ際まで耕盤の均平を揃えるためである。

植代かき

1．植代は荒代終えて三日以降が理想

植代かきは、荒代かきを終えて三日以上おいて、土が落ち着いてから行なうのが理想である。ただ、最近のドライブハローは泥の動きを制御する能力が格段に上がってきた。そのため、作業の段取りが厳しい場合には、荒代かきのあと、続けて植代かきをしても何とかなるようになってきている。

「仕上げの化粧」である植代かきは、田植え機の爪が入る深さだけ土を細かくすれば十分だから、表面七〜八cmだけでいい。また、現在の田植え機は昔のようなていねいな植代かきは必要ない。荒起こしと同じように作業速度を上げて、サーッとかく。私の場合はカタログに書かれた速度よりも三〜四割速くしているが、田植え時の植え付けロスは出ていない。

荒代かきと植代かきのイメージの違いを図（前ページ）にしてみた。植代かきが終わったときには、一〇cmの平らな耕盤の上に粗めの土が乗り、その上は植代かきによって細かくなった土が重なることになる。そして泥が

旋回時はドライブハローを上げる

内側は深く掘ってしまう
土が外側に寄せられる

コーナーやUターンのときにハローを上げないと，土がアゼ際に寄り，すり鉢状の田んぼになる

植代かきのコースどり

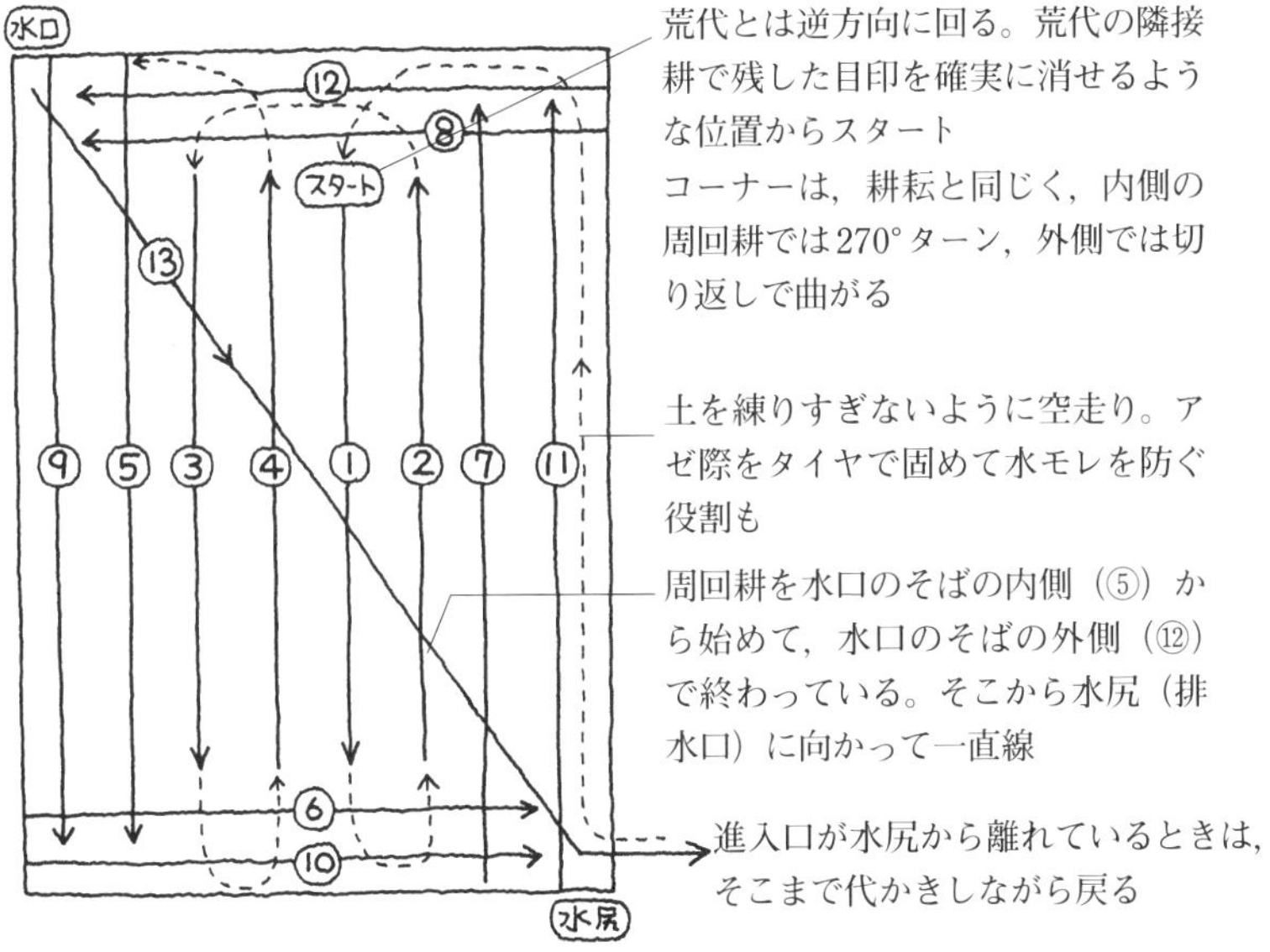
水口
スタート
①
②
③
④
⑤
⑥
⑦
⑧
⑨
⑩
⑪
⑫
⑬
水尻
荒代とは逆方向に回る。荒代の隣接耕で残した目印を確実に消せるような位置からスタート
コーナーは，耕耘と同じく，内側の周回耕では270°ターン，外側では切り返しで曲がる
土を練りすぎないように空走り。アゼ際をタイヤで固めて水モレを防ぐ役割も
周回耕を水口のそばの内側（⑤）から始めて，水口のそばの外側（⑫）で終わっている。そこから水尻（排水口）に向かって一直線
進入口が水尻から離れているときは，そこまで代かきしながら戻る

落ち着いたら、田面に一～二cmの水がある状態にしたままで田植えを待つのがベストだ。

2. 植代かきのコースどり

①植代かきは荒代かきとは逆回り

植代かきのコースどりは、前ページの図のように、荒代かきのときとは逆回りに行なう。これは、逆回りしたほうが、荒代かきでは平らにできなかったデコボコを修正しやすいからだ。荒代かきでつくった「土盛り」の目印を頼りに、それを消しながら逆まわりで仕上げる。

②最後に水口から水尻へ対角線に走る

植代かきの最後には、水口から水尻方向へ対角線のように代をかいて脱出する。ゆっくりていねいに代をかきながら走る。この部分の田面がわずかに低くなって水の通り道になり、秋の排水をスムーズにしてくれる。アゼに土を寄せない作業と水の道をつくることで、溝切り作業は不要になった。

植代かきと高低直しを同時にすませる作業の順番

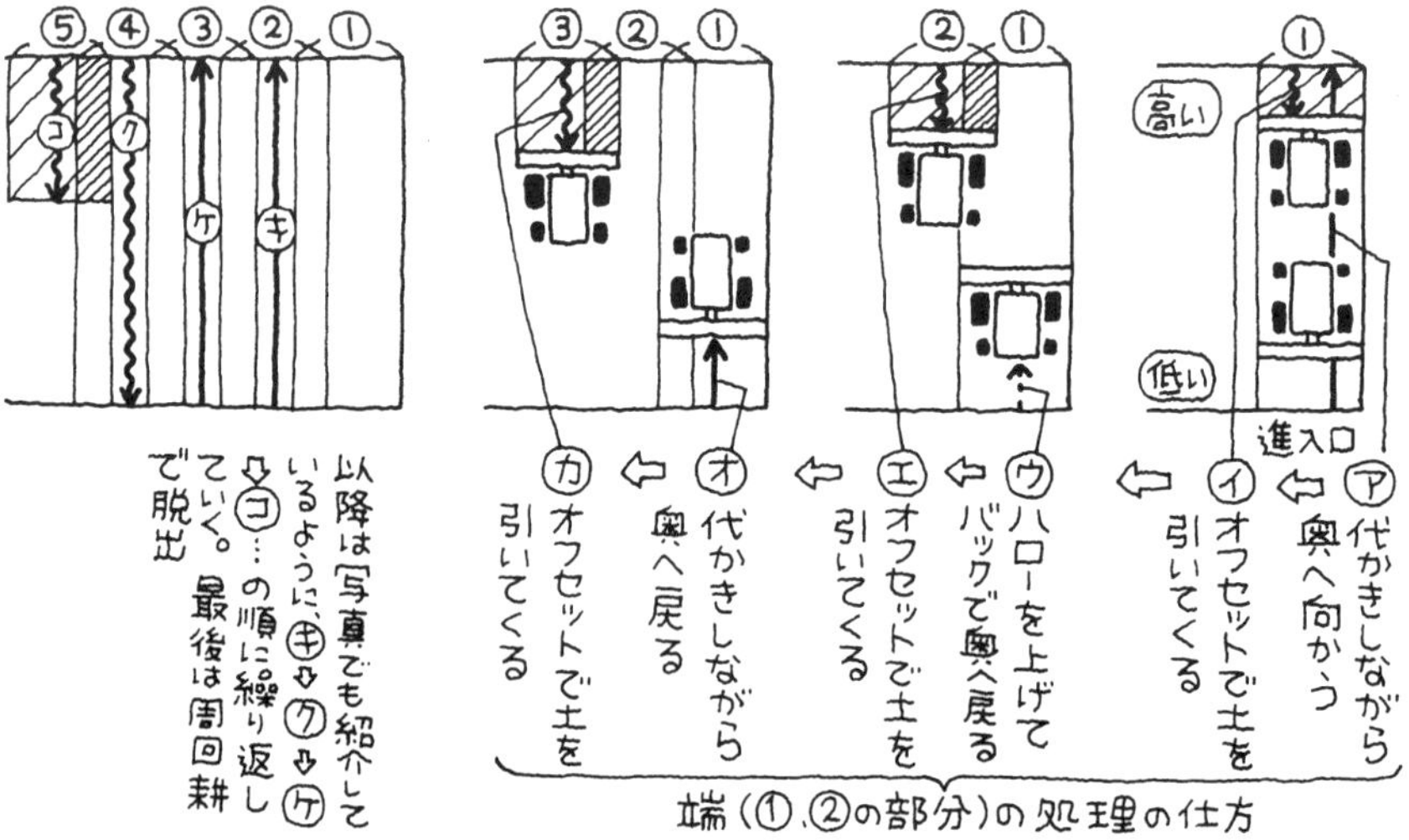
高い
低い
進入口
ア 代かきしながら奥へ向かう
イ オフセットで土を引いてくる
ウ ハローを上げてバックで奥へ戻る
エ オフセットで土を引いてくる
オ 代かきしながら奥へ戻る
カ オフセットで土を引いてくる
端（①、②の部分）の処理の仕方
以降は写真でも紹介しているように、キ⇩ク⇩ケ⇩コ…の順に繰り返していく。最後は周回耕で脱出

植代かきと高低直しを同時にすませる方法

高い
④ ③ ② ①
③に重ねながら
④の土を引っ張る
低い

奥が高く，手前が低い田んぼの高低直し

オフセット板を立てて土を動かす

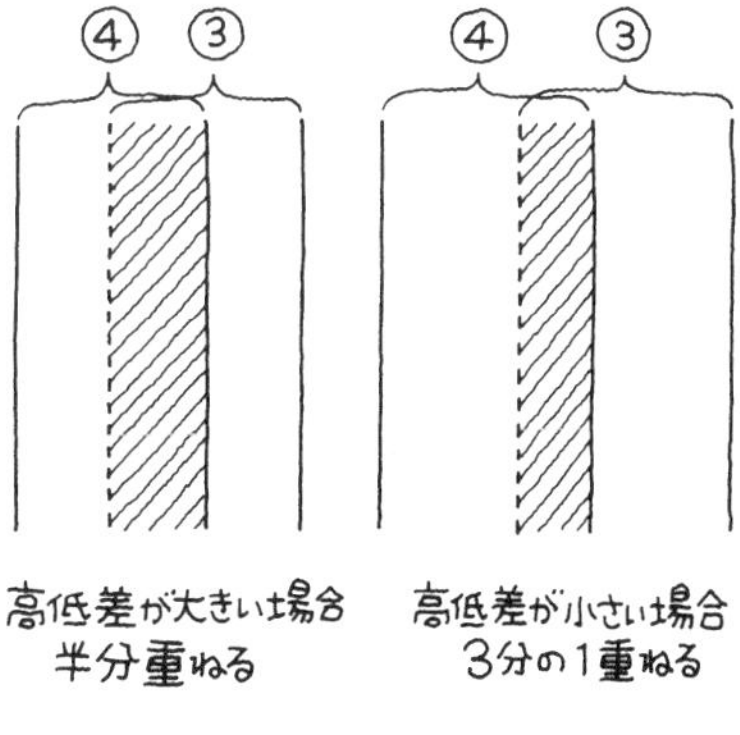
④ ③
④ ③
高低差が大きい場合
半分重ねる
高低差が小さい場合
3分の1重ねる

高低差の大きさによって，引っ張るときの重なりを変える

3．植代かきと高低直しを同時にすませる方法

植代かき作業の方法は、荒代かきのときと同様である。ここでは、高低差の大きい田んぼを、荒代かきのあとに平らにする方法を紹介しよう。植代かきをしながら高低差も直すから、手間はそんなにかからない。

①荒起こし後三日以内に行なう

土を引っ張るのに一番いいタイミングは、荒起こしを終えてから三日以内。水位は荒代のときと同じヒタヒタ水で行なう。

②オフセット板を立てて土を動かす

ドライブハローを回さず、後ろのオフセット板を立てて引っ張ると、土は簡単に動く。このとき走るスピードとドライブハローの高さは最初から最後までまったく変えないのがポイントだ。変えると激しいデコボコができる。

③高低差によって重ね幅を変えて

前ページ写真の田んぼは、奥のほうが高く、手前が低くなっている。作業の順番は、72ページの下のイラストのように行なう。

ポイントは、高低差の大きさによって、オフセット板を立てて土を引っ張るときの重ね具合の調節である。重ねる幅が大きいほど土をたくさん動かすことができるので、高低差が大きい場合は半分くらい重ねて引っ張り、小さい場合は三分の一くらいと調整する。

図のような手順を繰り返せば、終わったときには高低直しも植代もできている。

作業の実際

田植え編

苗箱の搬出と事前の田んぼ準備

耕　田植えの日は朝早くから忙しいんだよね。苗箱をハウスから出して軽トラに積むまでがたいへん。

サト　うちはラクだよ。ハウスからは台車で一気に三六箱運べるからね。

耕　一回に三六箱も！　一〇〇kg以上あるじゃない。大丈夫なの？　ひっくり返ったりしないの？

サト　ハハハ、レール敷いてるからね。軽い軽い！　年寄りだってラ～クラクだよ。

サトちゃんの目

運搬作業こそ工夫のしどころ。園芸用台車でラクラク苗箱搬出して、余裕を残して田植え機の事前チェック！　田んぼの水位チェック！

1．育苗箱はアングルを敷いて台車で搬出

育苗ハウスからの苗の搬出は家族総出の朝一番の仕事になるが、数が多いとけっこうきつい。一箱一箱ずつの人力搬送はたいへんだ。こんな作業には道具を使うに限る。私の場合は園芸用の運搬車を苗搬送用に使う。標準では五段に棚が設置されているが、それを三段に改造したものだ。左ページの写真のように、レールは、黒のラブシートが二重になっている育苗ハウスの通路部へ、搬送時にL字アングルを運搬車の車輪幅に二本並べるだけのものだが、十分使用に耐えうる。

育苗のところで見たように、苗踏みをして鍛えた苗なので、この運搬車に一段三枚重ねで積み込むことができる。三枚×三段×四列、一度に三六の苗箱。

苗箱搬出用のラクラク台車

園芸用の運搬車をイネ用に改良した（棚を5段から3段に）台車

ラブシートの上に設置したL字アングルのレール。継ぎ目を，搬出する方向に上へ上へと重ねていくのがポイント

田んぼまで苗を運ぶのは二tトラックだ。荷台には水稲育苗箱専用のラックを設置しておく。そのラックに一段二枚重ねで積み込み、八〇枚用の苗コンテナの棚に最大一〇〇枚載せてしまう。そのほか、床の部分にも並べて、その日の植え付けに必要な苗は朝一回ですべて積むことに決めている。

2．トラブルゼロの直前点検と持参する道具

①出発前のチェックポイント

まずは田植え機のエンジンを入れて作動させてみる。かき取り爪や苗送りのベルトが正常に動いているようであればOKである。

次に、エンジンを切って、①かき取り爪が曲がっていないか、②苗ガイド部分に前日の苗などが詰まっていないか、③側条施肥のホッパと出口に詰まりはないか（側条田植え機のため）、の三点をチェック。おかしいところがあれば、予備の部品で修理し、泥やごみや肥料が詰まっていれば掃除しておく。

現場でトラブルが発生すると、一日の作業予定が台なしになる。だいたいこんな時期は販売店も大忙しで、な

かなか来てくれない。母ちゃんと口げんかにもなり、精神衛生上非常によくない。また、側条施肥の場合、肥料の出口に泥が詰まっていて、自分では肥料を施していたつもりが、実際には肥料が施されていないということもある。悲劇である。

②田んぼまで持っていくその他の道具

苗取り板、苗を半分に切るための包丁、植えていく目印にする赤白ポール二本、それに肥料を、トラックに積み込む。

そのほか、田植え幅の印を付ける風車マーカー（田植え機にセットする植え幅一列分の長さの棒と、その先端に印を付ける風車型のマーカーがついたもの）、それと、田植えのコース取りを決めるための田植え幅一列分の長さの棒などである。

3. 田植え前の水位は一～二cm

代かきから田植えまでの間に、せっかく入れて温まった水を一度落としてしまう人がいるが、これはやめたほうがいい。代かき後、一～二cmの水位を目標に水をチョロチョロとかけ流しておいたほうがいい。田植えが非常にスムーズにできるからである。落水すると、せっかくかいた代が下まで締まってしまい、土が重くなって車輪がとられてスリップし、密植になってしまう。おまけに車輪に泥がくっつきやすい。私のように田植えまでかけ流ししていれば、土が水をたくさん含んでいるから車輪に泥が付きにくくなることはもちろん、軽やかに低燃費で進み、旋回跡もゆっくり埋まるから欠株がでるほどの凸凹にはならない。

さらに言えば、落水して土が締まってしまうと、田面が露出した部分があると苗を植えた穴が埋まらず、苗が乾いてしまって欠株になるということもある。水を蓄えた田ならば、多少、田面が露出していても、苗を植えた穴はすぐに泥水で埋まってくれるのだ。

手植え不要のコースどり設計法

サト 耕作くん、田植えのときはどんな具合に植えてる?

耕 いろんな区画の田んぼがあるから、まあ、植え残しがないようにと思って、端っこから植えてるよ。だめなの?

サト だめだよ〜! とりあえずってのが一番だめ。最後に幅が合わなくなって迷ったりするんじゃないの?

耕 あるけど、しょうがないよ。

サト アララ、だから母ちゃんに手植えさせる面積がふえるんだよ!

サトちゃんの目

歩幅計測じゃだめ。目見当はもっとだめ。アゼから田植え機の幅の一・五倍プラスアルファの位置からスタートし、区画に合わせて植え始めと植え終わりの平面図を頭に描いてから作業開始!

1．コースどりの全体設計

次ページの図が私のコースどりの基本である。四隅の手植えをなくして、すべてを田植え機で植えてしまうコースどりを考えた。

内側の列をすべて植え付けてから、最後に外周を植えて脱出する。このコースどりは、収穫時のロスを減らすために、刈り取りのコースどり(入口から刈り進む)を単純に逆にしたものである。

図のDから脱出するためには、外周の植え付けスタートはCになる。内側の植え付けはCに近いBで終えたいから、スタート位置はAとなる。

このAから始める一列目のスタート位置を正確に出すことが重要になる。

周り植えマーカーの作り方

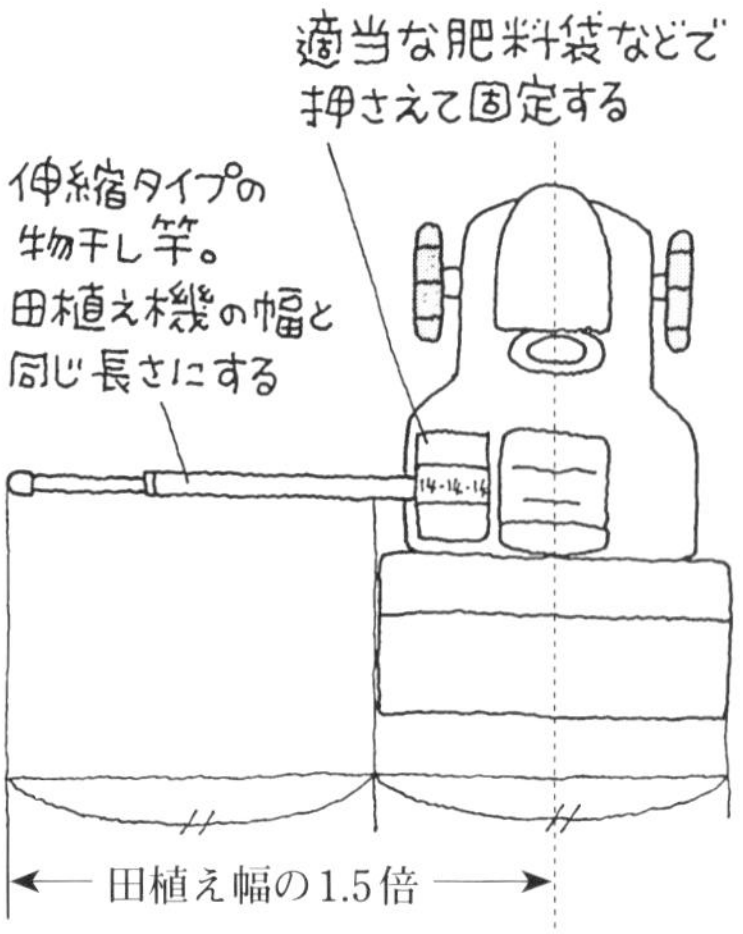
適当な肥料袋などで押さえて固定する
伸縮タイプの物干し竿。田植え機の幅と同じ長さにする
田植え幅の1.5倍

手植え不要のコースどり（田植え機は8条）

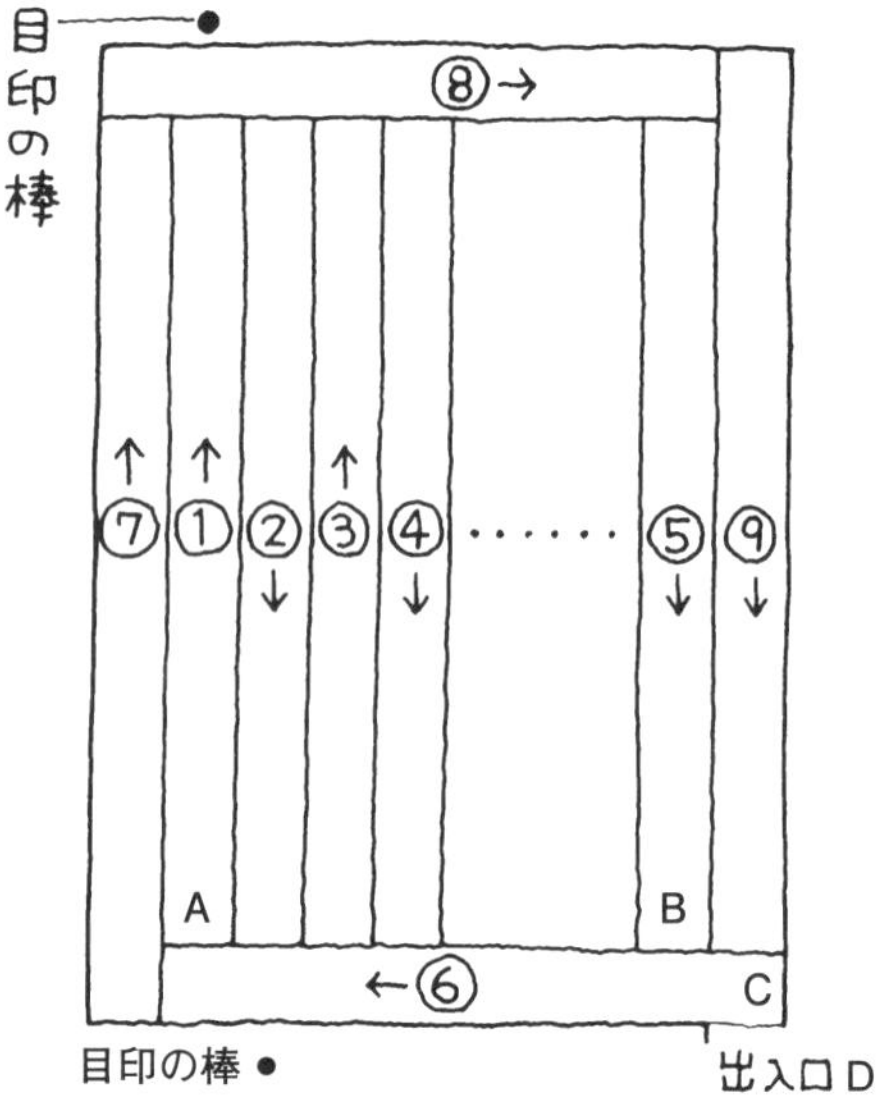
目印の棒
⑧→
⑦
①
②
③
④
⑤
⑨
A
B
←⑥
C
目印の棒
出入口D

※①のスタート位置は，枕地の長さ÷田植え機の幅の答えが偶数だったら手前から，奇数だったら奥から。割り切れない場合は最後に幅を合わせるための列をとる

2．スタート位置の決め方

Aの位置は毎回ポールを使って測ることにしている（口絵6ページ参照）。アゼ際の余白一五cm＋田植え機の植え付け幅×一・五倍の位置に棒を立てる。私の八条植えなら一五cm＋（三〇cm八条×一・五倍）＝三七五cmとなる。余白の一五cmは、コンバイン収穫のことを考えてのプラスアルファである。

田植え幅の一・五倍の位置に立てたポールは、アゼから二列目の中心になる。このポールに田植え機の中心を合わせれば二列目の位置が決まる。向かいのアゼにも同じ位置にポールを立てて、運転席の真っ正面を目標とする。念のため周り植えマーカー（アゼとの距離を一定にする目安の棒。図の左、口絵も参照）も使い、スタートの一列目は正確を期すようにしている。

なお、②を田植えするときの目標として、風車マーカーに合わせて目印の棒を移動するとよりまっすぐに植えることができる。

田植え機操作の基本とラクラク苗補給

耕　サトちゃんの植え方は上手だなぁ。あれくらいまっすぐに植わるとオレも自慢できるんだけどね。

サト　耕作くんは、しょっちゅう後ろを振り返ってるでしょ。あれが曲がる原因だな。まあ、耕盤のデコボコもあるんだろうけど。

耕　やっぱり、ちゃんと植わってるか、まっすぐになってるかが心配で、気になるんです……

サト　そうそう、耕作くんとこは、まだ四隅は母ちゃんが植えてたよね。あれなくしたら？　母ちゃん喜ぶよ～

耕　田植え機でもそんなことできるの？　機械が壊れない？

サト　大丈夫だよ～。うちなんか手植えゼロ！

サトちゃんの目

田植え作業は、家族の手伝いなしにはできない。だからこそ、機械をうまく使ってラクしたい。手植えゼロの田植えは誰にでもできる！

1．目標を遠くに定めて片手ハンドル

まっすぐに植えるコツは、できるだけ遠くに目線を定めることである。紅白のポールを反対側のアゼに立ててスタートするが、目線はポールのさらに遠くにある目標物に定めるほうが曲がりは少なくなる。次ページの写真のように、田植え機の先端についているマーカーと遠くの目標の棒と自分を一直線に結んで植えていくとよい。

目標を定めたらハンドルは動かさない。ちょっとでも動かしたが最後、すぐに曲がる。最初で曲がったら、そのあとの列も曲がってしまう。

きちんと植わったかどうか心配になるが、最初の田植え機点検ができていれば、あとは振り向かない。苗の減り具合も、折り返すときに点検しておけば何の心配もないからである。両手でハンドルを持つとつい動かしたくなるので、片手運転のほうがいい。植えられているかど

まっすぐ田植えは遠くの目標を見つめて

(右) 写真ではちょっとわかりにくいが, アゼにさした目印の棒を基準に, さらに向こうにあるできるだけ遠いものを目標にする

(下) 遠くに目標をおいて, ハンドルを動かさずに運転すれば, こんなにまっすぐ

うかの確認はバックミラーでちらっと見るだけにする。

それでも動かしてしまう人は、運転席で立って運転するといい。肘が伸びるぶん、ハンドルを回しにくくなるから。

こうしたことができるのも、荒起こし、代かきと、その目標を耕盤の均平に置いてきたおかげ。もし耕盤に凹凸があったり、土塊がゴロゴロ残っていたのではハンドルを取られてしまう。とは言っても、目標を遠くに定めるだけでもうんと違うから、やってみて！

2. 手植えをなくす四隅の植え方

四隅は手植えも仕方ないと思っている人もいるかもしれないが、手間も時間ももったいない。アゼ際を周り植えするコースどりなら、四隅をすべて田植え機で植えることができる（左ページ）。

まず、フロートがアゼに乗り上げるくらいまでぴったりと寄せる。止まった状態で植え付け部を下ろし、ゆっくりと植え始める。こうすることで、アゼ際ぎりぎりまで田植え機で植えることができる、かつ、肥料も端まで入るのだ（側条施肥田植え機のため）。また、田んぼから脱出する際にも、出口の手前にきたらスピードを落と

手植えをなくす四隅の植え方

ゆっくり前進
アゼ際ギリギリ
まで植えられる

そこからゆっくり植え始めれば，
アゼ際までしっかり植えられる

まっすぐ下ろす
アゼ

植え付け部がアゼに乗り上がるくらいまでバックで寄せて，まっすぐ下ろす

し、出口の傾斜をのぼり始めても植え続ける。こうすることで手植えする部分はなくなる。

3．苗補給はエンジンを切ってのんびりと

苗補給は家族とのやりとりの場だ。笑顔でやりとりしたい。そんな思いで始めたのが、次の三つである。

①苗補給のときにはエンジンを切る

苗補給のときに田植え機の先端がアゼ際まで寄ったら、植え付け部を持ち上げて苗を載せやすい高さにしてからエンジンを止める。エンジン音がしないので大声を出さずにすむし、静かだと妙な焦りもなくなるから不思議である。

②苗取り板は田植え機側でさす

地面に置いた苗箱に、家族が腰を曲げて苗取り板をさすのは、けっこう疲れる作業である。そこで私は、箱ごと予備苗台に載せてもらい、私が苗取り板をさして苗を取り出し、空箱を予備苗台に残すことにしている。

③苗はいつも満タンに補給する

持参した包丁はここで使う。半端なときは、必要な幅を包丁でマットごと切り取って、きっちりと上まで補給

する。こうすることで、一回の苗補給量が安定するから、苗を準備してくれる家族も気がラクだし、植え付けの途中で警報が鳴ったり、苗載せ台の苗の減り具合を気にしたりする必要がないので、私自身もまっすぐ前を見て、植えることに集中できるようになった。

4．やってはいけない三つの作業

よかれと思ってやっていることが、かえって悪い結果を生む作業がある。

①苗を水に浸けるのはやめる

田植え作業の間、田んぼのそばに置かれた苗は萎れてくる。ついつい近くの用水に苗箱を浸けたり、水を汲んできて上から灌水したりしている人を見かける。これはむだだと思う。水分を吸った苗箱は重くなり、運ぶのも大変だし、苗載せ台に苗を置いたときにスムーズに滑ってくれなくなる。私の苗のように軽い培土を使っていても大変なのだから、一般の重たい培土で育てた育苗箱は倍ほどの重さになっているはずだ。

②苗箱をトントンと詰める作業はやめる

欠株が発生しないようにと、かつては皆、苗箱を地面にトントンとぶつけて、苗を詰めていた。しかし、これも不要である。よほどいい加減に播種していない限り必要ない。トントンすることで、縦方向だけではなく横方向にも隙間ができてしまい、植え爪がかき取るときに空振りとなって、かえって欠株が発生する。

③苗載せ台に苗を足すとき勢いをつけるのはやめる

これも、できるだけ密に苗を載せようという気持ちなのだが、勢いよく苗が滑っていくと、すでにセットされている苗の端にぶつかって、めくれ上がることがある。そうなると、そこが欠株の原因となる。苗はそーっと載せて滑らせ、途中で止まったら苗取り板でやさしく押してやればよい。

このほかにも、粒状の側条施肥がついた田植え機を使用している場合の失敗だが、苗を補給するときに植え付け部を下げたままのために、植え付け部のそばにある肥料の出口に泥水が逆流して肥料と混ざって詰まり、次から肥料が出なくなることがある。私は田植え機がアゼにつくと同時にすばやく植え付け部を上昇させ、泥水の逆流を防ぐ。そして、上昇の途中でエンジンを切り、私の身長にちょうどいい高さで止めると、補給作業がとてもラクになった。

田植え後の後始末●●●

サト　アラッ！　まだ、母ちゃんに苗箱を水洗いさせてるの？

耕　来年、苗に病気が出るかもしれないじゃない！　後始末はちゃんとやるって、サトちゃんの教えじゃなかったっけ？

サト　耕作くんの育苗箱はプラスチックでしょ？　昔みたいに木製じゃないんだから、使い終わったらパンパンと土をはたき落として、乾けばそのままOKよ。

耕　ホントだ……サトちゃんの母ちゃん、洗わないで片づけてる……

サト　育苗箱はそれでいいの！　でも田植え機は、毎日使い終わったら洗うんだよ！

苗箱は洗わず，乾かしてまとめる

サトちゃんの目

苗箱洗いは家族の仕事。洗って、乾かして、まとめて縛って……そんな作業もけっこう大変だ。男たるもの、そんなむだはカット！

1．苗箱は洗わず、土を落とすだけで片づけ

植え終わった育苗箱を水洗いし、乾かして片づけるのは数が多いと大変な作業で、その日のうちに片づけができないことも多い。育苗箱が木製の時代のように、いつまでも湿っていて雑菌を繁殖させることは、今はない。私は朝に最小限の灌水をするだけなので、苗をすくい取った空箱はすぐに乾いてくれる。あとは、苗箱にへばりついていた土と根をはたき落とすだけ。植え付けしている間に紀子さんが束ねてしまうので、田植えがすんだらすぐ撤収でき、帰ったら一息入れる前に納屋へしまってしまう。

2．余り苗は田んぼに残さない

余り苗を「補植用」にと、田んぼの隅にいつまでも放

田植え終了後のラクラク後始末

①**余り苗は田んぼに残すな**
余り苗は逆さにして足で踏み，田んぼに埋め込んで処分したほうがまし

②**田植え機は毎日洗う**
泥が湿っているうちに植え付け部と足回りを洗い流して，明日にそなえる

置しているのをよく目にするが、あれは百害あって一利なし。いもち病の発生源となってしまう。私は、余り苗はトラックに積んで持ち帰る。灌水すれば問題なく翌日以降も使える。

田んぼに残すくらいなら、極端な話、余った苗は裏返しにして、土の中に踏み込んで使えなくしたほうがいい。家族にとっては、苗が田んぼに残っていると、ついついその苗で隙間の空いた部分に植えたり、さし苗したくなる。苦労しても、苦労に見合うだけの収量増は望めない。

3．田植え機は毎日洗う

田植え機は、田植えが終わったら、家に戻りしだいすぐに洗車する。この作業は、同時に点検作業でもある。だから毎日、戻ったら明るいうちに行なう。足回りと植え付け部が重点となるが、どの箇所も必ず左右両側から水をかける。これだと複雑な部分も洗い残しがない。

毎日一〇～二〇分ほどかける洗車作業だが、水圧を上げるためにホースの先端を細くするのがたいへん。手が疲れてしまう。こんなとき、ホースの先端をラジオペンチでつまめば、手が疲れずラクにできる。

作業の実際

田植えしてから収穫まで

水管理●●●

耕　水管理って大した仕事じゃないみたいだけど、けっこうたいへんだよね。

サト　アゼ塗りのところで話したけど、水がコントロールできないと、ほんとに除草剤も効かないし、重要なんだよ。だから、塩ビ管の水位調節装置をつくったのよ。

耕　そういえばサトちゃんはアゼつくりにこだわってたもんなぁ。

サト　水はね、イネの育ちをコンロールする力もあるし、もっと上手に生かしていかなくちゃ。うちは「深水管理」と決めてるからね。塩ビ管の水位調節装置は便利だよ。水の見回りの回数は一割ですんでると思うよ。

耕　そうじゃないと、サトちゃんみたいに五〇枚以上の田んぼの水回りなんて、やってらんないよねぇ。

塩ビ管を使った水位調節装置

サトちゃんの目

耕盤を平らにしろ、アゼをしっかりと水漏れのないものにしろなんて言ってきたけど、水田というくらいだから、水を生かせないイネつくりはだめだよ！

1. 深水管理で中干しなし

水管理に大いに働いてくれるのが、塩ビ管を利用した手づくりの水位調節装置（上の写真。65ページも参照）である。

私の場合は、基本的には深水管理。水深二cmで田植えをしたら、すぐに水位調節装置のエルボー管を少し立ち上げて、四cmまで水位を上げる。その後は、一葉ふえるごとに（約一週間）、水位調節装置のエルボー管をさらに立ち上げて二cmずつ水位を上げていき、出穂が終わるまでその水管理を続ける。最終的にはアゼの高さギリギリまでの深水とし、用水がこなくなったらそのまま自然の減水に任せる。中干しはしていない。最後まで、土の表面が乾かない程度に保つ。

出穂して二〇日すぎたころには、自然減水によって表面の水はなくなっているが、私の田は湿田ぎみの田が多いため、表面が完全に乾くことはない。近年、高温障害による米質の低下が発生しているが、中干しのやりすぎで最後まで根が働けなくなっているのも原因の一つではないだろうか。

6月下旬の茎数で水の深さを調整

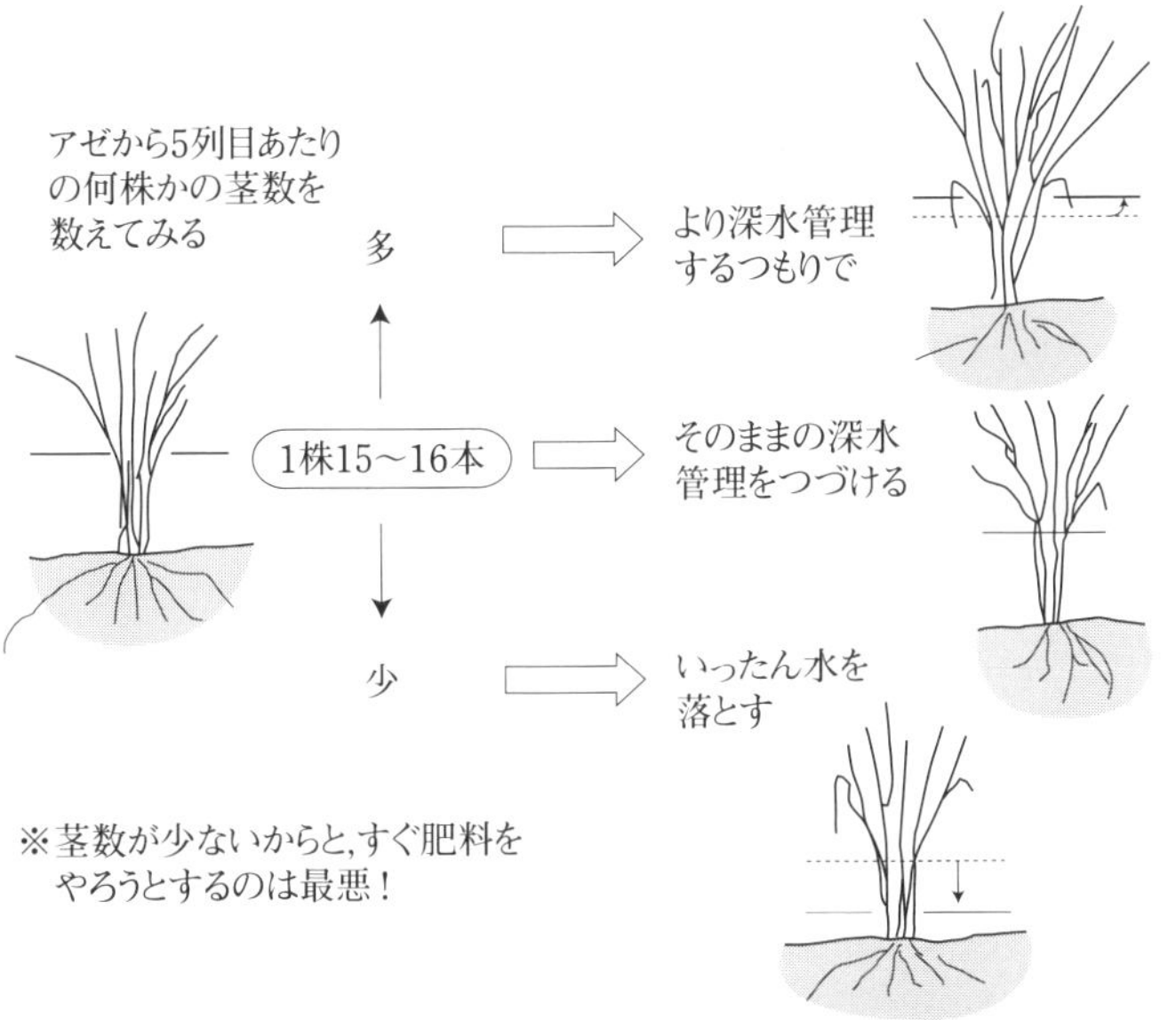

アゼから5列目あたりの何株かの茎数を数えてみる
1株15〜16本
多
より深水管理するつもりで
そのままの深水管理をつづける
少
いったん水を落とす
※茎数が少ないからと,すぐ肥料をやろうとするのは最悪！

2．六月下旬の茎数で水の深さを検討

六月下旬が、ラクラクイネつくり作業の鬼門の一つだ。この時期、周囲のイネとの差が一番大きく見える時期だからである。焦ってはいけない。

六月下旬ころ、必ずアゼから五列くらい内側の何株かを選んで一株茎数を数えてみる。その時期に、坪六〇株植えの私の場合、一株が一五〜一六本あれば、そのまま深水管理を続ける。もし、茎数が一〇本ちょっとしかないようであれば、少なすぎる。このとき、肥料をふろうなんて、考えてはいけない。あとあとまで肥料が効いてしまって、茎数がふえすぎたり、ふえすぎたせいで茎が細くなって倒れやすくなったり、苦労の絶えないイネに育つからである。

茎数が予定よりはるかに少ないときは、いったん落水する。水を落とすことによってイネの株元に光を入れ、イネの分けつを出やすくしてやればいい。もっとも、五月二十日ごろと遅くに一株二〜三本植えした私のようなイネであっても、苗がよほど悪くなければ一カ月たつと一五〜一六本にはなっている（上図参照）。

3. 田植えが遅れた田への工夫

天候や作業の段取りなどのズレによって、田植えの時期が遅れることもある。確かに焦る。私も同じだ。そんなとき、多めに肥料をやっとこうかとか、多めに植え込んでおこうか、といった誘惑にかられる。しかし、そんな打つ手はおおかた失敗する。自然体でいくのが一番！

水をうまく利用することだ。

①温水ホースで水を温めてから入れる

水口から五〇mほどホース（一本五〇〇円程度）を延ばし、用水をそのホースを通して入水するようにする。ホースは無色透明のものがいい。沢田のように水の冷たいところではとくに有効で、チューブに入れる水量を少なくすれば、水口で一一・五度だった水温を、出口では二一度まで上昇させることもできる。少々田植えが遅れても出穂時期には追いついている。

②石の上に水を落としてリサイクル利用

上や隣の田んぼを温めた水を、水尻から排水路に捨ててしまうのはもったいない。隣接した田んぼでは、可能な限り前述した塩ビ管をアゼに埋めて、温まった水を下の田へかけるようにしている。

さらにもうひと工夫。上の田から下の田へ水が落ちるところに大きな石を置き、上からの水がその石にぶつかってから田んぼに落ちるようにするといい。バシャバシャとしぶきを上げ、酸素をたっぷりと取り込んだ水に変身である。イネにとって悪いはずがない。

雑草管理●●●

耕　サトちゃんちの近くの田んぼはアゼが大きいから、草刈りが大変じゃない？　除草剤使おうって気にならないの？

サト　雑草だってアゼをしっかり固めてくれてるんだから、除草剤はいやだなぁ。まあ、ウチは牛を飼ってるから、アゼの草はエサでもあるからね。

耕　でも、暑いときの草刈りは、一人でやんなきゃならないし、汗はかくし。それにさぁ、雑草すぐ伸びてくるんだよね。

サト　耕作くんは、どんなふうに刈ってるの？　まさか、根元まできっちり刈り取ってるんじゃないだろうね？

耕　エッ？　だめなの？

サトちゃんの目

ズバリ、刈る高さは株元から一〇cm。そのほうが新しい草は伸びてこないしラク。刈り方も、左に振るときは「サーッ」と素早く、右は「トロ～」っとゆっくり！

1．除草剤＋米ぬか防除で除草剤七割減

私は、田植えと同時に散布する除草剤（一キロ剤）と、田植え後七～一〇日目に散布する米ぬかを併用した雑草防除で、経費削減を図っている。

除草剤の効果は水持ちに大きく影響される。減水深（一日の水位の減少）が三cm以上の田んぼは注意が必要である。アゼ塗り（52ページ）のところで、作業の最後にアゼ際を踏み固めるよう強調した（54ページ）が、これはアゼ際からの水の漏れを防ぐためでもある。

水位調節装置で水位をコントロールし、減水深を二cm程度にして、田面が露出しないような状態で散布する。除草剤の施用量も、一キロ剤一袋を三〇aに散布するため三分の一ですんでいる。

米ぬかは一〇a当たり一〇〇kg。一輪車に米ぬかを積んでアゼを押しながら、アルミ製の石炭スコップで、

風上から放り投げるだけだ。これで、風に乗れば二〇m くらいはラクに飛んでいく。私の場合、除草剤と米ぬかを組み合わせた除草によって、除草剤の量は激減している。

根元はこれくらい残して刈る。ギリギリ根元から刈るほど，草は芝生みたいに頑張って分けつをふやすようだ。
写真のようにちょっと上を刈ってやれば，草の数は減っていく。それに地面や石に当たる心配もないから，刃も長持ちする

2．アゼ草は株元一〇cm残して刈る

アゼ草は、私の場合は繁殖牛の粗飼料になるので、単なる『草刈り』ではなく、正確には『エサ刈り』だ。だから、いかにラクに刈れてイネに悪影響を与えないアゼの状態を維持するかには気を配っている。

一つは、刈り払いの高さである。草刈りの回数を減らしたいという思いから、根元ギリギリまで刈ろうとする人が多いが、これはむだ。上の写真のように、根元から一〇cmの高さまで刈れば十分である。残った雑草が大きいぶん地面には光が当たらなくなるため、地面から新たに伸びてくる草の数が少なくなる。おまけに、茎が根元ほど硬くないため刈るのがラクだし、石ころなどをはねてケガする危険性も少なくなる。

3．葉が伸びきって穂を出す直前に刈る

もう一つは、アゼ草を刈るタイミングである。私は、できるだけ雑草の葉が伸びきってから刈るようにしている。穂を出す直前くらいだろうか。草が大きくなる

草刈りはサーットロ〜のリズムで

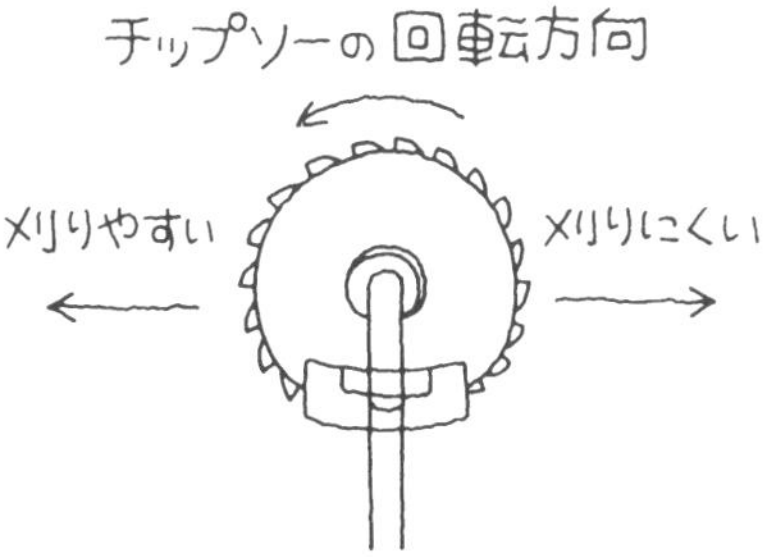

チップソーは反時計回りなので、基本的には左に振るときに草を刈るもの。右に振るときは刈りにくいし、固いものに当たると大きく手前に跳ね返ってくるので危ない

田んぼはこんな感じの斜めで大きなアゼが多い。左に振る（振り上げる）ときはサーッと速く振って一気に草を刈る

右に振る（振り下ろす）ときはトロ〜とややゆっくり。でもただ戻るのではなく，しっかり刈り残した草を刈っていく。根元までは刈らないから固いものに当たって刃が跳ね返ってくる危険はない。サーットロ〜，サーットロ〜のリズムでどんどん進む

からわが家の愛牛の飼料がふえることもあるが、そうすると、刈ったあとは新しい草しか伸びてこない。カヤなどは激減し、その他の背の低い雑草はしだいに減ってくる。草刈りの回数も減るから一石二鳥である。

七月までにみんな三回くらいはアゼ草刈りをしているようだが、私の場合は二回で大丈夫だ。草が小さいうちに根元から刈ると、草が分けつをふやしてしまい、その後の草刈りが大変になる。

4. 草刈り機は左と右で「サーットロ〜」のリズム

刈り方にもコツがある。前ページの図のように、チップソーの刃は左回転（反時計回り）している。つまり左に刃を振るときに切れやすく、右に振るときは切れにくい。それを考慮して、私は、左に振るときは速く動かして一気に刈り、右に振るときはチップソーの上半分で刈るくらいのつもりで、刈り残した草をゆっくりと刈っていく。要するに、サーットロ〜、サーットロ〜のリズム。

穂肥振り

サト　おっ、耕作くん穂肥振ってるんだ。熱心だねー。

耕　やあサトちゃん。そりゃーせっかくだからいっぱいとりたいもん。

サト　穂肥はうまくまけば収量アップはもちろん、米がおいしくなるからね。でも耕作くん、そのまき方じゃ収量アップどころかダウンだな。

耕　えー？　量が少ない？　それとも時期が悪いの？

サト　いや、もちろんそれも大事だけど、耕作くんのやり方じゃあムラだらけだよ。

耕　えっ？　ていねいにまいたつもりなんだけど……

サト　まず動噴のホースの動かし方ね。ホースは水平振りじゃなくて、楕円振りがいい。振るスピードが落ちないし、手前と遠くにムラなくまけるんだ。

サトちゃんの目

穂肥はこのところ嫌われているようだが、使い方によってはコメのおいしさも収量もアップする。ムラなくまく秘訣は「楕円振り一秒止め散布」！

1.　穂肥のタイミングの見分け方

私の地帯（福島県会津地方）では、「コシヒカリ」の出穂時期は八月十〜十五日。本葉一三枚ていどでの出穂となる。出穂予定日の二〇〜二五日前、おおよそ七月下旬は勝負どころである。この時期だけは、田んぼのイネの見回りの手を抜いてはいけない。一枚の田んぼの何カ所か、アゼから四〜五列内側に入り、一株のなかで、背が一番高い茎を根元から抜いてイネの生長を調べる。

茎をむいて幼穂の生長を見ればいいのだが、私の場合はもっと簡単に診断することが多い。抜いた茎の第五節間（ふつうは一番下の節）が硬くなり、第四節間が伸び始めていれば穂肥の時期である（次ページ写真参照）。

穂肥を打つタイミング調べ

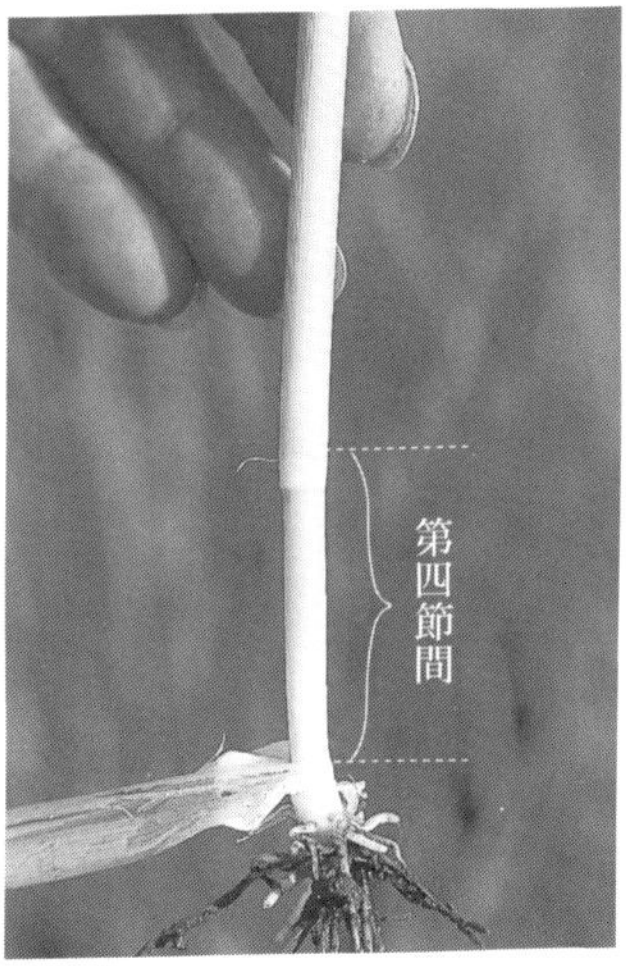

穂肥を打つタイミングは，茎をスーッとなでて決める。根元からなでて，ボコッと節があるのが確認できたら振りどき。これならパパーッと10株くらいすぐ確認できる

むいてみると，第4節間がこれくらい伸びてる。ちょうど幼穂が伸び始めたかどうかってころだ。このタイミングでアミノ酸たっぷりのサンイースター（有機100％の乳酸発酵肥料）を40kg（チッソ1.8kg），オール14を5kgくらいやれば，しっかり稔ってたまげるほどうまい米ができる

2．楕円振りで肥料を風に乗せる

穂肥の肥料は、味をよくしたいと思って粒状の完全有機アミノ酸肥料（サンイースター、窒素成分三・五％）を使っている。施用量はおおよそ一〇a当たり四〇kgで、窒素成分量は一・四kg。窒素成分が低いぶんだけ化学肥料に比べると、散布量は多くなるが、たまげるほど味はよくなる。

動力散布機（動散）で散布するが、ムラなくまくには、歩き方とホースの振り方にコツがある。

①小区画の場合

半量の肥料を動散のタンクに入れてスタート。反対側に着くまでにぴったりなくなるように振っていくのは至難の業だ。

そこで、まずアゼの長さの六～七割はゆっくりと歩きながら散布し、残りの三～四割は噴出量を抑えて歩を速めて散布し、戻りのときに、控えめに散布した三～四割には往復散布してタンクが空になるようにする。反対側のアゼも同様に散布する。こうすることで散布途中でタンク内の肥料がきれて補給することがなくなるため、散

穂肥をムラなく散布する方法（大区画の田んぼ）

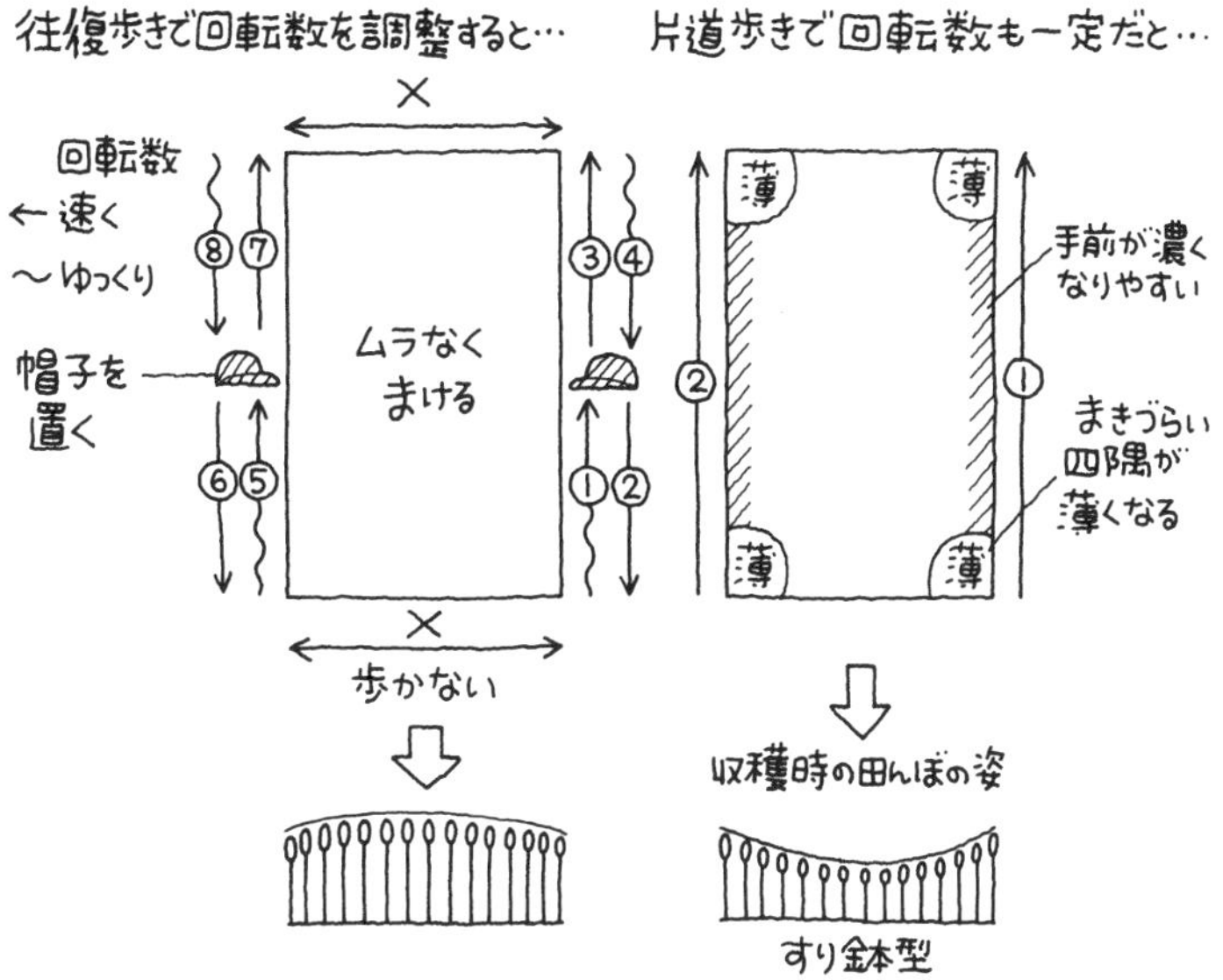
往復歩きで回転数を調整すると…
片道歩きで回転数も一定だと…
×
回転数
←速く
〜ゆっくり
⑧⑦
③④
帽子を置く
ムラなくまける
⑥⑤
①②
×
歩かない
薄
手前が濃くなりやすい
②
①
まきづらい四隅が薄くなる
収穫時の田んぼの姿
すり鉢型

布ムラが減る。

②大区画の場合

奥行き一〇〇m以上もある大きな区画の田んぼの場合は、まず片側のアゼの半分往復でなくなるくらいの量を動散のタンクに入れてまき始め、折り返し点に目印となるもの（私の場合は帽子）を置いて、まきながら帰ってくる。次は、その帽子のところから向こう側半分を同様に往復散布すれば、まきムラが少なくなる。

③楕円振り一秒止め散布

有機肥料は、粒は大きいが一粒一粒が軽いため、遠くまで飛びにくい。そのため、ホースの振り方で散布ムラを減らす工夫が必要になる。

ポイントは、ホースを水平に振るのではなく、次ページの図のように、進行方向に向かって、まずアゼ際のイネに散布したら、すぐに斜め上に向けて楕円を描くように振る。そして斜め上に達したところで心もちホースを止めて、噴出する肥料を動力散布機自身の風に乗せて遠くまで飛ばし、すばやく始めの位置まで戻す。これを私は勝手に「楕円振り一秒止め散布」と呼んでいる。

また、風で飛ばすことを重視しているため、肥料が動力散布機の風圧で遠くまで飛ぶように、粒の大きい肥料

肥料のまきムラをなくす「楕円振り1秒止め散布」

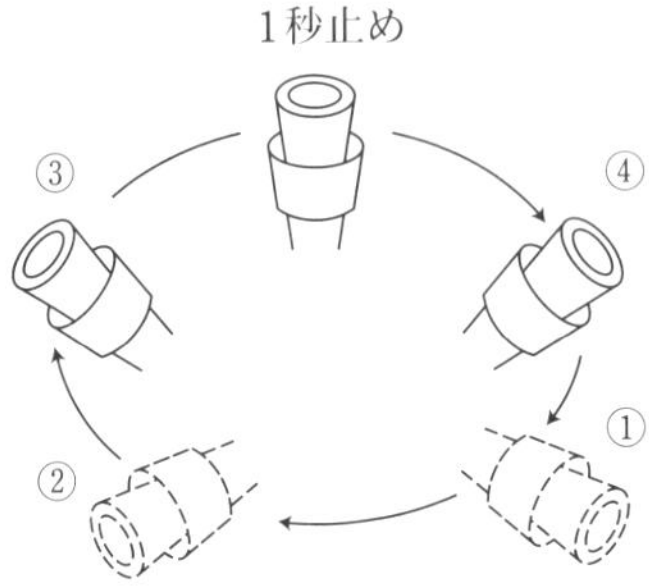

1秒止め
③
④
②
①

〈正面から見たところ〉

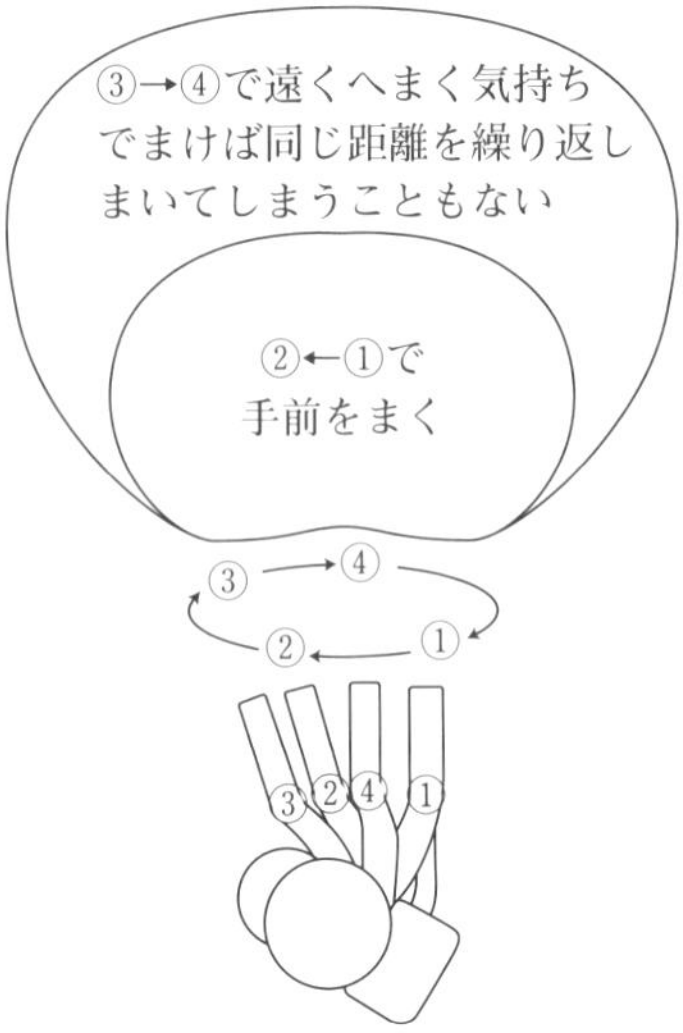

③→④で遠くへまく気持ちでまけば同じ距離を繰り返しまいてしまうこともない
②←①で手前をまく
③
④
②
①
③②④①

〈真上から見たところ〉

を選択している。

④動散の回転数でコントロール

散布するとき、動散の回転数を同じにしてまいている人がいるが、あれではまきムラがでる。とくに散布しにくい四隅には肥料が届かない。そこで、四隅への散布は、動力散布機の回転数と噴出量を下げて、ゆっくりと散布し、しだいに回転数を上げてアゼの直進散布に入るとよい。

収穫

耕　今年もやっとイネ刈りだ。嬉しいねー。でも焦って朝早くから刈っちゃダメなんだったよね、サトちゃん。

サト　そう！　よく覚えてたねー耕作くん。朝は十一時くらいまでゆっくりして、イネについた朝露が乾くのを待ってから刈る。でないと脱穀がうまくいかなくて刈り取りロスが出るよー。

耕　運転にもコツがいろいろあったよね。サトちゃん、もう一回運転してるとこ見せてくれない？

サト　ハイハイ！　ラクにむだなくやって、家族みんなで気持ちよく喜べるようでないとねー。じゃあひと通り刈るからよーく見ててくれよ。

サトちゃんの目

今年は「手刈りはしない！」って腹を決めよう。「刈り上げ刈り」を覚えるだけでもいい。それと、収穫のときにいかに田面を荒らさないで収穫するかは、来年につながるからね。

1．コンバイン収穫のコースどり

コンバイン収穫では、四隅の手刈りはやむを得ないものとされてきた。しかし、「手刈りはしない」と覚悟を決めてコンバイン操作を工夫すれば、少なくとも事前の手刈りは不要だ。

次ページの図がそのコースどりの一例。コースどりの基本は、田植えのときと逆のコースで刈り取っていくことである。

まず、入口から、アゼの高さに合わせて刈り取り部の高さを調節しながら田んぼに進入する。できるだけゆっくり入って、刈り高さをイネに合わせながら刈り始める。ここで焦るほど刈り高さがデコボコになって、収穫ロスの原因になる。

ゆっくり進入したら、そのまま刈りながらスピードア

手刈りいらずのコースどり

1列目
2列目

2列目は，Ｕターンしてすぐ隣の列を戻ってくる。あとは普通に左回りで刈り進めばいい。入口が左だと，なかには最初から左回りしようとして，入口部分を広く手刈りしてる人もいる。しかし，手刈りさせられる母ちゃんは死ぬ思いだと思う

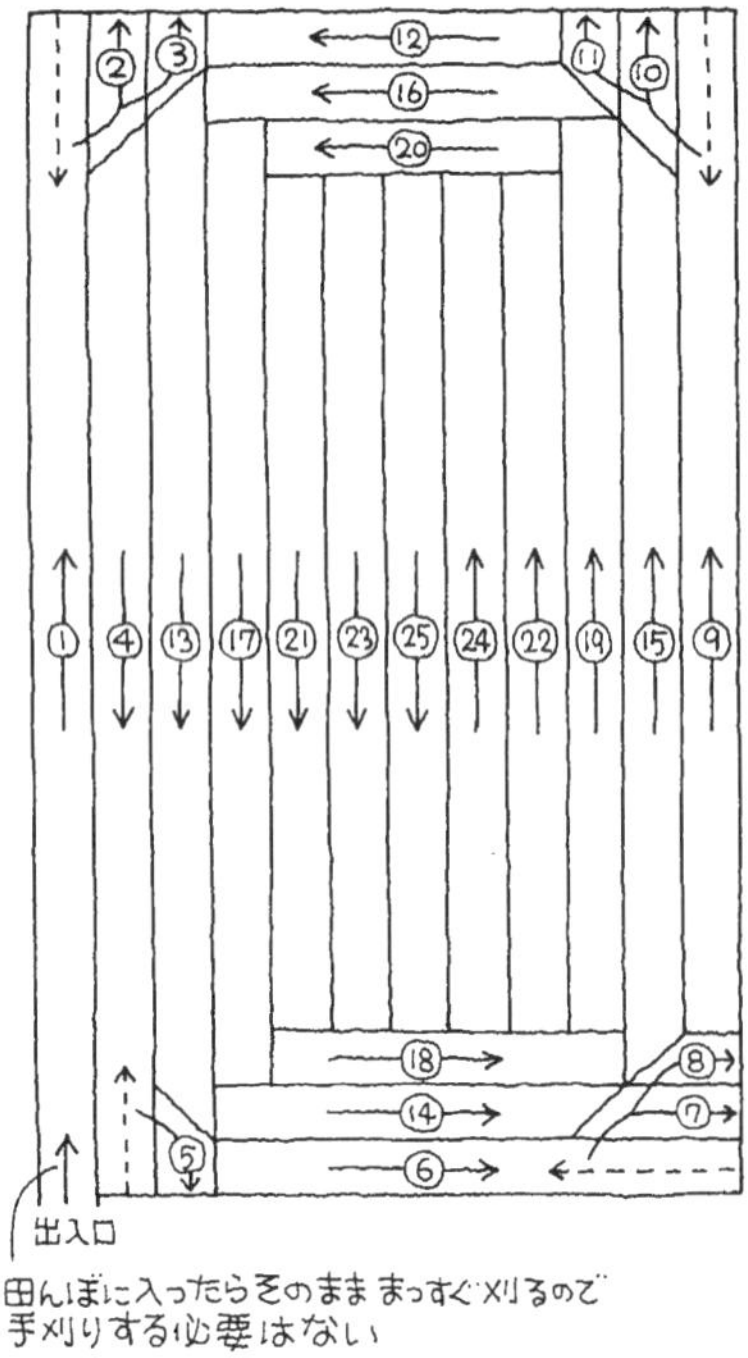
⑫
⑯
⑳
②
③
⑪
⑩
①
④
⑬
⑰
㉑
㉓
㉕
㉔
㉒
⑲
⑮
⑨
⑱
⑧
⑭
⑦
⑤
⑥
出入口
田んぼに入ったらそのまままっすぐ刈るので
手刈りする必要はない

—— 前進
------ バック

ップし、反対側のアゼまで直進（コース図の①）し、アゼ際のイネは「刈り上げ刈り」で一本残らず刈り終える。いったんバックで大きく戻り、図の②③のように隣接するイネを刈り取ってスペースを確保してから旋回し、最初に刈った列の隣を刈っていく（コース図の④）。手前のアゼ際のイネも同様に刈り、いったんバックで戻り、⑤のように隣接するアゼ際のイネを刈ってから旋回して方向転換し、手前のアゼ側から左回りで刈り進める。

最初の①は右回りとなって、アゼ側の刈り取り部の位置が見えにくいため不安を覚える人もいるかもしれないが、慣れればなんてことない。要は、慣れ！　右回りは刈り取りセンサーはＯＮにし、左回りは一回目の周回はＯＦＦにして作業する。

なお、出入口が中央にあったり、区画整理されていない田んぼのコースどりについては108ページを見ていただきたい。

手刈りをゼロにする「刈り上げ刈り」

アゼ際を刈る前にスピードを落としてデバイダを徐々に上げ，最後に刈り取り部をアゼに乗り上げるようにして刈り上げる

刈り上げたあとは，アゼに近い株ほど高刈りになる。うっかり高刈りすると，イネの穂が脱穀部にうまく入らなくて収穫ロスが出たりするが，スピードを落として刈れば問題ない

2. 手刈りをなくすアゼ際の「刈り上げ刈り」

手刈りをなくすためのテクニックが、四隅の「刈り上げ刈り」である。

①上の写真のように、アゼ際に達したら作業スピードを落とし、先端のデバイダを徐々に上げながら、最後は刈り取り部がアゼに乗り上げるようにして刈っていく。これが「刈り上げ刈り」である。そのため、アゼに近くなるほど高刈りになっていく。

アゼに近づいたらスピードをしっかり落とし、刈り取り位置が高くなることはおそれず、思い切って、イナ株がしっかりかき込まれるまで進んで止まること。そうすれば切り返しをしてもイネをバラバラと落とすのを防ぐことができる。

高刈りした短いイネは、脱穀部で深くこぐ操作も忘れずに行なうこと。でも今は、高刈りすると自動で深こぎにしてくれる機能（クボタ：自動レール制御）も用意されているので、確認しておこう。

②アゼまで刈り終わったら、コンバインの大きさにもよるが、一五～二〇mと大きくバックして隣の列を刈り

四隅まできっちりコンバインで刈る方法

①

田んぼの端まで刈り終わったら，まず大きくバックする。30mの枕地だったら半分くらいがバックの目安

②

隣の列を刈り始めたら徐々にコンバインの向きを変え，アゼに対して直角に刈り終わる向きにまっすぐ進む。
アゼに対して直角であれば「刈り上げ刈り」ができるので，アゼ際に刈り残しもできない

③

すでにコンバイン2列ぶん刈ってあるので，旋回スペースとしては十分。しかし3列目を刈ったほうが切り返しがスムーズにできるので一応刈る。ただしバックは少しで，斜めに少し刈るくらいで大丈夫

④

バックしながらコンバインの向きを変え，旋回する。旋回スペースが大きくとってあるので田面も荒れない

始める。右ページの四隅刈りの写真のように、徐々にコンバインの向きを変えて、アゼ際ではコンバインが直角になるように刈り進める。同様に刈り上げ刈りすれば、二列目も刈り残しは出ない。同様に三列目も行ない、三列分刈り取ったところで次の周回分の旋回スペースもつくってしまうことになる。これでスピン旋回は行なわずに方向転換できる。この方法だと、田面を荒らすことはないし、クローラをいためることもない。

3. 収穫ロスを最小限に抑える刈り取り法

収穫作業の目的は、収穫ロスを減らし、可能な限りモミを回収することだ。しかしコンバインは、どんな好条件下でも、整粒の九八%しか回収できない。二%の整粒は、わらくずとともに排出されてしまうのだ。この排出される米を機械性能の限界まで抑えることができるかどうかが腕の見せどころであり、儲けを生みだすポイントでもある。

①急がば回れの午前十一時からのスタート

刈り始めの時刻は、どんなに急いでいるときでも午前十一時からとしている。朝早いほどイネは朝露で重く、コンバインの刈り取り部から脱穀部までのイネの流れが暴れやすい。脱穀部への負担も大きくなり、収穫ロスがふえ、機械のトラブルも発生しやすく、かえって時間がかかることになる。

機械のトラブルは、へたをするとすぐにコメ代金が吹っ飛ぶ出費につながってしまう。朝早くから刈るのをやめて、その間にコンバインに油でも差して、イネが乾くのを待つ余裕がスムーズな収穫作業につながる。

②ゆっくり進入、徐々にスピードアップ

入口の手刈りをしなくても、一番遅い速度(一秒に一〇～二〇㎝)で慎重にデバイダを操作しながら刈り進む。また、旋回後の刈り始めも、スピードを抑えて刈り始め、徐々に刈り取りスピードを上げていく。

「始めはゆっくり、徐々にスピードアップ」が基本である。刈り始めのスピードが速いと、空っぽだった脱穀部に、荒波のようにどっとイネが押し寄せて、瞬間的にベルトやエンジンに大きな負担がかかり、選別ロスをふやす。始めと終わりのスピードを抑えれば、さざ波のように脱穀部へ送られるイネの量は、なだらかに変化する理想的な収穫作業となり、選別ロスを最小にできる。

もちろん、イネの出来がいい部分はスピードを落とし

て、脱穀部に送られる量をコントロールしてやると収穫ロスは減る。

4．田んぼと機械にやさしいコンバイン旋回法

刈り取り作業が進むにつれて、グレンタンクのモミが相当な重さ（約一t）になってくる。重量の増えたコンバインでむりな旋回をすると、クローラが切れたり、土を練って田面を荒らしたりしてしまうことがある。

グレンタンクは右側にあるから、作業を進めると右側が次第に重くなっていく。だから、操作の基本は、できるだけ右側のクローラに負担をかけないように旋回することである。

直角に左側に方向転換する場合、ふつうは、図のように前進のまま左へ四五度旋回し、残りをバックで四五度切り返す。私の場合は、旋回スペースをゆったりとって、まず直進でアゼ際まで刈り取り、重量のかかっている右側のクローラのクラッチを切り、軽い左側のクローラだけを動かしてバックで一気に九〇度左旋回し、次に刈り進める方向に合わせる。重量のかかった右側を軸にして旋回するため、コンバインの動きも軽やかだし、田んぼの荒れも少ない。ということは、クローラやスプロケットへの負担も少ないということだ。

田んぼとコンバインをいためない旋回法

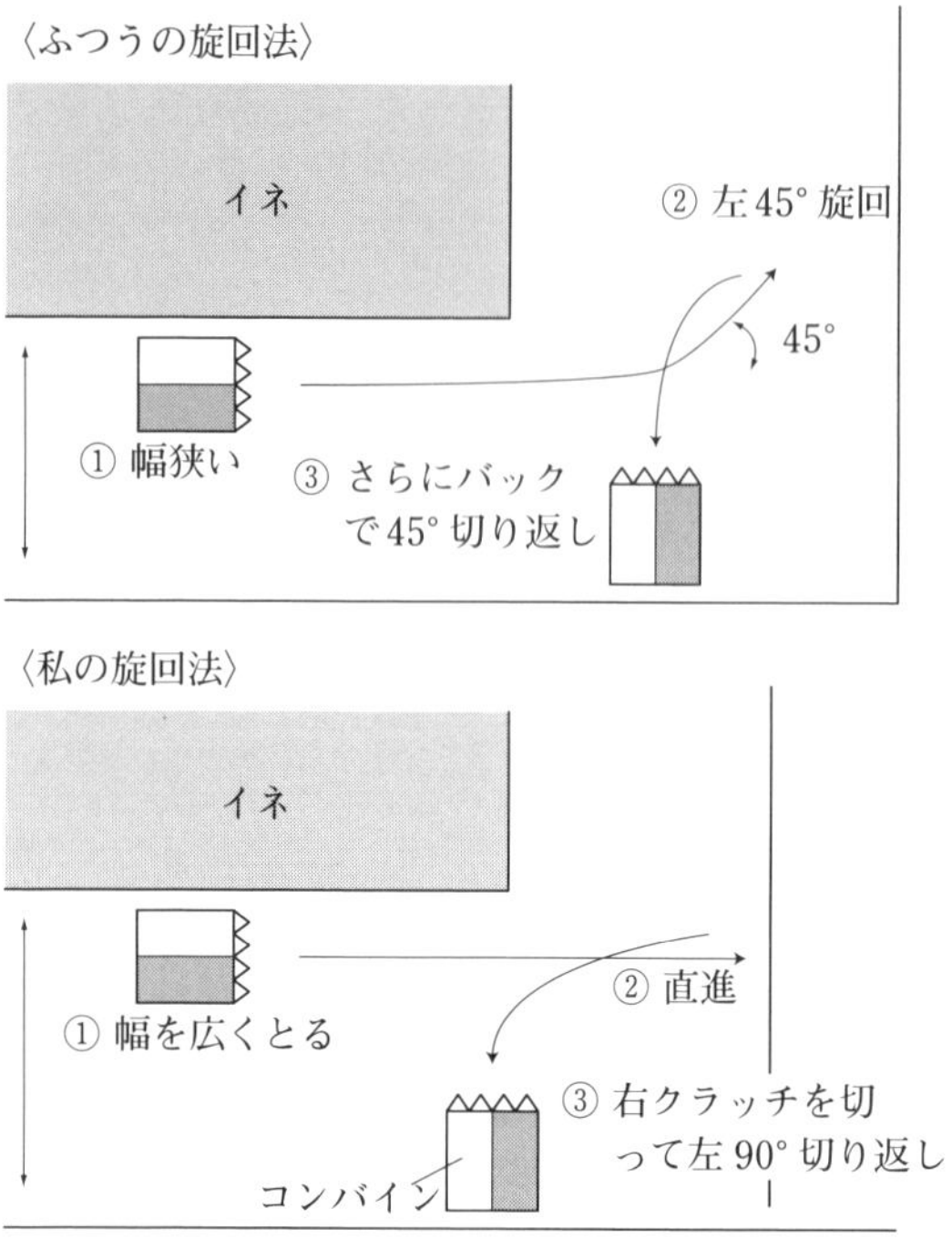
〈ふつうの旋回法〉
イネ
② 左45° 旋回
45°
① 幅狭い
③ さらにバックで45° 切り返し
〈私の旋回法〉
イネ
② 直進
① 幅を広くとる
③ 右クラッチを切って左 90° 切り返し
コンバイン

5．その場その日のコンバインメンテナンス

機械は使ったから壊れるというわけではない。私は「メンテナンスやクリーニングができていないから壊れた」と思っている。圧倒的に多い故障の原因は、ベアリング部分にわらや泥が入り込み、それが詰まって歪みを生んでいることだ。作業の予定は狂うし、高い機械を買い換えることになってしまう。

①刈り終わったら田んぼですませておく作業

田んぼですませておく作業は、たくさんのわらくずがたまる部分の掃除である。細かな掃除は帰ってからやる

わらはわらを呼ぶ！　田んぼでの簡単コンバイン掃除

1枚の田んぼを刈っただけでも，排わらチェーン側のカバーを外すと，これだけのわらが詰まっている

チェーンを浮かしてわらを取り除く

プーリーにからみついたわらはトラブルの原因になる。ていねいに取り除く

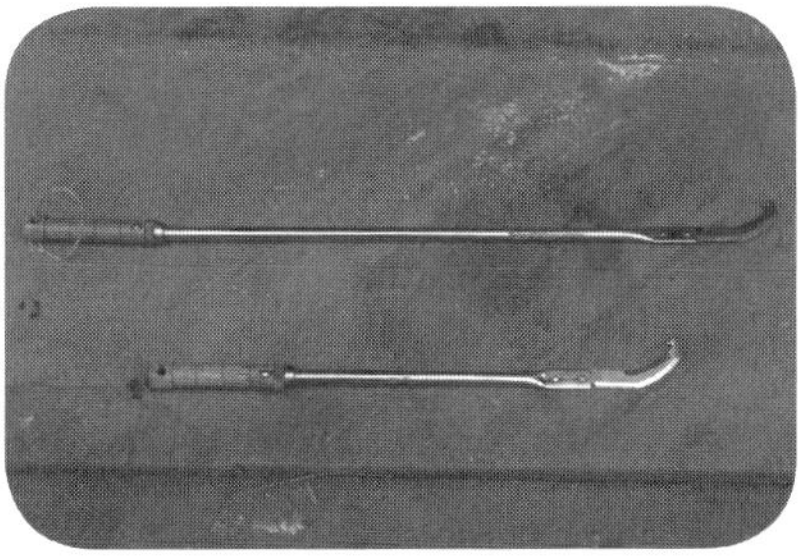

軸などの狭い部分のわらを取り除くのに便利な「山菜収穫鎌」。柄の長いものと短いものを準備しておくと便利

としても、①排わら・排塵口の周辺、②脱穀・選別部のVベルトとプーリー部分のわら、③排わらチェーン、フィードチェーンとギア部分のわら、などは田んぼで取り除いておく。これらの部分は、ちょっとでも付着すると雪だるま式（わらがわらを呼ぶ）にたまっていき、破損の原因になる。また、チェーンのスプロケット部にからまったわらは、チェーンスリップの原因となって切れたりすることがある。

このイナわらの取り除き作業に役立つのが、山菜採りに利用する鎌である。長い柄がついており、刃の部分にギザギザが刻まれており、駆動軸の隙間に入り込んだわらくずをかき出したり切ったりするのに大変便利である。

田んぼですませる作業にかかる時間は五～一〇分程度。やるとやらないでは機械の持ち、故障による時間ロスなどに雲泥の差が生まれる。

②毎日、帰ってから足回りの泥とわら落とし

足回りの泥とわら落としには水洗いが必要なので、自宅に戻ってから行なう。

①クローラの上面と裏側に水をかけて行き渡らせる。

②トラッククローラの間に詰まった泥を抜き取り、その後にクローラの上部、トラッククローラ（キャタピラ）自身の泥を洗い落とす。

③泥を洗い流すと車軸にからまったイナわらなどもはっきり見えるので、それらを取り除く。ここに泥や砂が詰まっていると、ベアリング内に入り込んで内部のボールをすり減らし、機械の寿命を縮めることになる。ベアリングのいたみは、クローラの歪みを呼びこんでしまう。

④ガイドレールについたイナわらや草、泥を落とす。ここに詰まったままだとクローラがよじれて、外れたり切れたりする原因となる。クローラが切れれば、片側数十万円の臨時出費となってしまう。

⑤コンバインのエンジンをかけて前進したのち、いったん後ろに下がり、さらにもう一回下がって足回りの点検を行なう。汚れの残っている部分をきれいにして、洗浄完了。

③刈り取り部の水洗い

①刈り刃部の左側に立って、脇から刈り刃についた泥を洗い落とす。さらに反対側に回って同様の洗浄を行なう。刈り刃の減りが早いと感じている人はぜひやってみてほしい。

②次に搬送チェーンに付着している、わらくずや土を取り除き、洗い流す。

③前方に回って、引き上げチェーンや内部に入り込んだわらや泥を取り除き、洗い流す。

④刈り刃をもう一度しっかりと洗う。

倒伏したイネを刈ったときは，扱き胴の受け網に泥がこびりついている。その場で掃除しておくと収穫ロスが減る

⑤最後に、足回りや刈り取り部の下、下左、下右の各方向から見て、きれいになったことを確認する。

作業を開始する前に、刈り刃の部分にしっかりと油を差しておく。

なお、最後の格納時には錆止め剤を吹きつけておく。

④扱き胴部の掃除

倒伏したイネを刈ったときなどは泥が扱き胴の中まで入り込み、写真のように、受け網を詰まらせて収穫ロスを増やす原因となる。泥のついたイネを刈ったあとは、田んぼでの掃除の際に、胴の受け網も掃除する。簡単に外れるので、前述の鎌で網に付着した泥をかき落とす。そのままにしておくと、モミの選別が悪くなったり、モミが汚れたりする原因となってしまう。

機械の点検や掃除は、ちょっと慣れれば短時間でできる。昔の機械に比べれば、カバーの取り外し部分もフックに替わり簡単である。すべてを完璧にやるとなると大変だが、故障の原因となるツボはそう多くはない。一番トラブルを起こしやすいコンバインでも、作業前、田んぼ、帰宅後の点検にかける時間は一時間程度である。それだけのことで、機械が長持ちする。今のコンバインはすでに七年間使っているが、繁忙期のトラブルは皆無である。

コンバイン収穫のコースどり応用例

〈入口が中央にある田んぼ〉

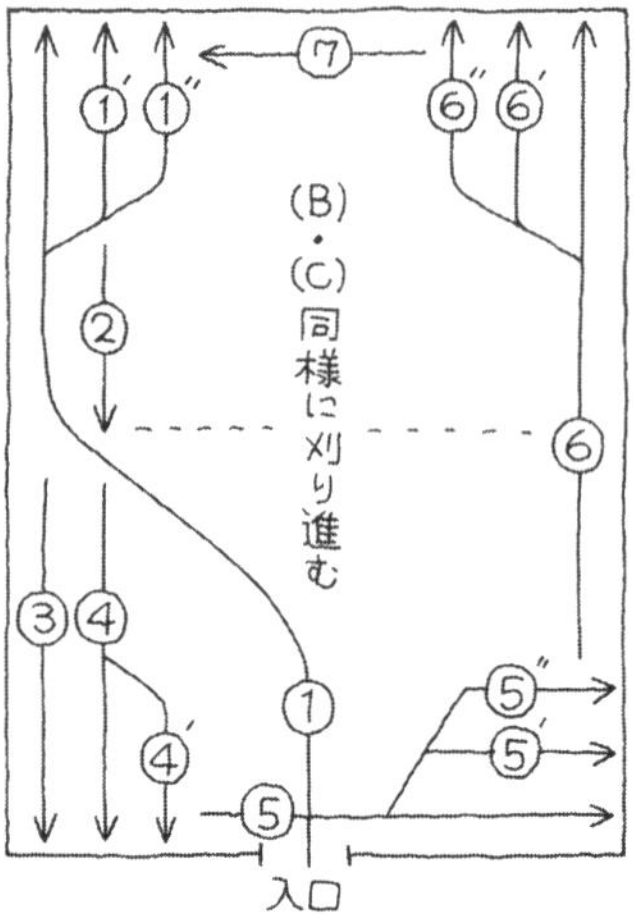

〈入口が左よりやや内側にある田んぼ〉

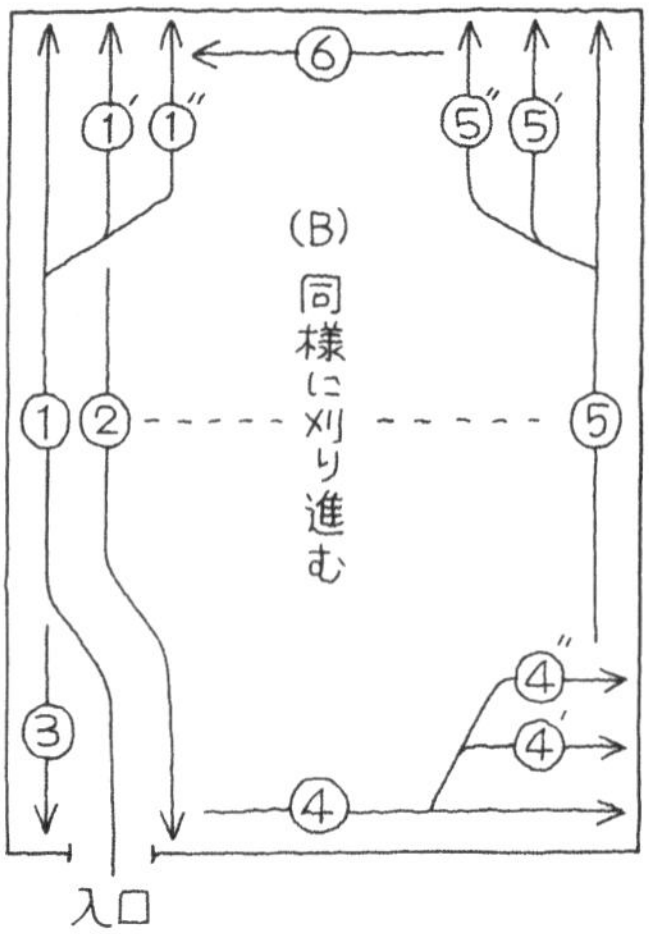

入口から左側のアゼまで大きく弧を描きながら刈り，そのままアゼ際を刈ってUターン。左隅に残ったスペースを2列分刈り広げ，あとは同様に左回り。「右側のアゼ際まで斜め刈りして，左回りで刈ったほうが手っ取り早い」と思うかもしれないが，じつはこのコースどり，田植えのコースを逆にたどっているのだ。

斜め刈りだと，どうしても収穫ロスが多くなる。しかし田植え列をたどって刈れば，斜めに刈っても「条刈り」。収穫ロスは少なくてすむ。

まず，少し斜め刈りして左のアゼ際をまっすぐ刈る。反対側のアゼ際のイネを刈ってからUターン。戻ってきたら，入口の左側にちょっと残った刈り残しを刈ってしまう。あとは100ページのコース同様，左回りで刈り進む。

〈「ウナギの寝床」田んぼ〉

形がいびつなうえ，山からの湧き水で常にぬかるみがあって倒伏もある最悪の状態の田んぼの例。なるべく真っ直ぐ刈り始め，最小限のカーブで右に回り，乾いた部分を刈ってしまう。その後に，ぬかるんで倒伏した部分を一方向刈りで仕上げる。

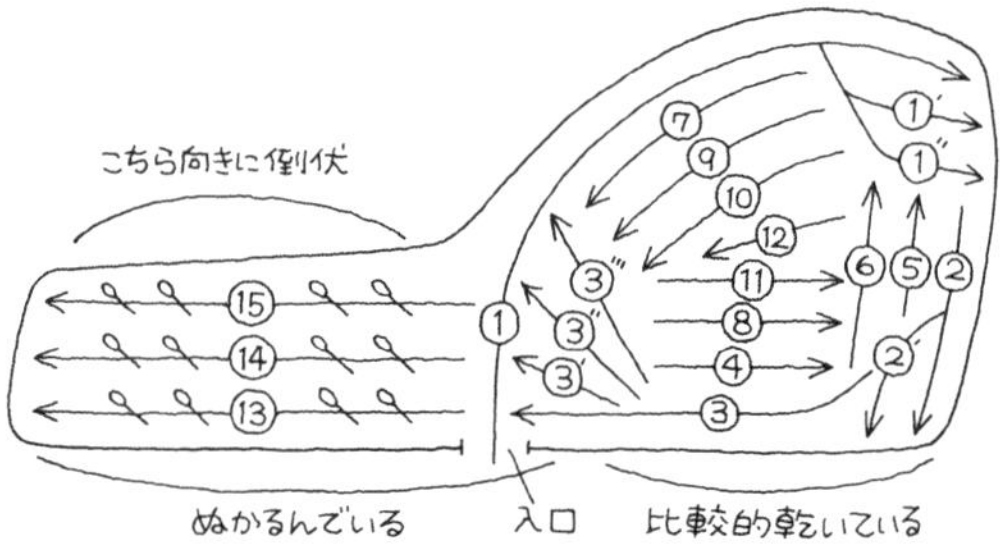

作業の実際

収穫後の作業編

乾燥調製

耕 うちの米は翌年の梅雨過ぎたらガクンと味が落ちて別の米みたいになっちゃう。やっぱりつくり方が違うから？

サト まぁそれもあるけど、モミの乾燥のやり方の違いもあるんじゃない？ 乾燥次第で食味はぜんぜん違ってくるよ。

耕 そういえば、サトちゃんはイネ刈り始めるの遅かったね。それも何か関係あるの？

サト おおありだよー。イネ刈りの前から乾燥は始まってるんだ。耕作くんのイネ刈り時期はモミの水分が二五％くらいだったでしょ。それに、乾燥だって一日で終わらせるじゃない。

耕 みんなそうだよ！

サト いやいや、乾燥機で温度かけて乾かすと、米のうまみもいっしょに抜けるんだよ！

サトちゃんの目

機械で乾燥する時代になっても、「ハザかけ米」のおいしさを再現したい。そんな米は梅雨を越しても味は落ちない！

1．刈り取りは水分二三％に下がってから

刈り取り開始時刻は午前十一時からと書いたが、刈り取りの時期も遅くしている。といっても、枝梗の八割が枯れてから刈るので、タイミング的には手刈りで自然乾燥をしていた頃と同じである。以前は早出しの米に高値がついたが、今はそんな時代ではなくなった。だから、刈り取りを急ぐ意味はない。

私の刈り取り時期だと、立毛状態でもモミ水分は二二〜二三％まで下がっている。そのぶん、乾燥にかかる燃料代の節約になるのはもちろん、米を直売するうえでもっとも重要になる米のおいしさが違ってくる。ふつう、水分二五％になったら刈り始める人が多いが、乾燥機で強制的に飛ばす二〜三％の水分と一緒に、米のおいしさも逃がしているのではないかと私は思っている。

2泊3日のゆっくり乾燥

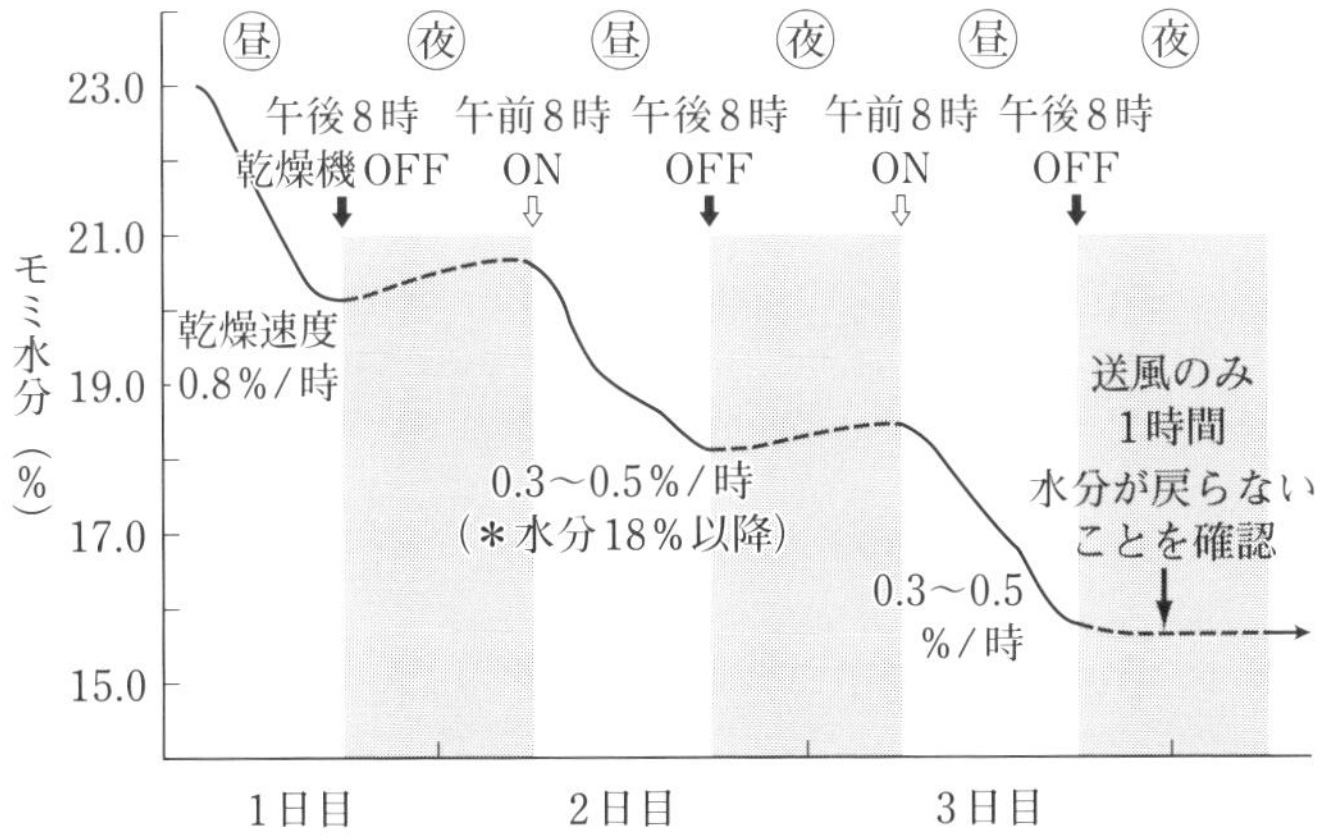

昼
夜
昼
夜
昼
夜
23.0
21.0
19.0
17.0
15.0
モミ水分（%）
午後8時
乾燥機OFF
午前8時
ON
午後8時
OFF
午前8時
ON
午後8時
OFF
乾燥速度
0.8%/時
0.3〜0.5%/時
（＊水分18%以降）
0.3〜0.5
%/時
送風のみ
1時間
水分が戻らない
ことを確認
1日目
2日目
3日目

2. 乾燥は二泊三日でゆっくりと

①二段階切り換えの乾燥速度

乾燥作業は、ふつうはその日に刈ったモミを一昼夜連続運転して翌日仕上げで、乾燥機の稼働を高めようと考える。しかし、これでは米のうま味を逃がしてしまう。

刈り取り時期に加えて、刈り取り始めの時刻が午前十一時からなので、早朝から刈っている人に比べると、晴れた日であればモミ水分は二%近く低下している。

乾燥機に張り込んでからは、モミ水分一八%までは標準の乾燥速度（〇・八%／時間）で乾燥する。一八%までモミ水分が低下したら、乾燥速度を最低（〇・三〜〇・五%／時）にセットして運転し、一五・五%を仕上がりとしている。

②夜は乾燥機の電源を切ってモミ内外の水分差をなくす

夜八時頃を目安に電源を切り、モミを朝まで休ませる。この間にモミの内側と外側での水分の差がなくなり、均一な水分状態になる。翌朝八時から再び乾燥機の電源を入れて、最低の乾燥速度で運転する。夜八時になったら乾燥機を止めるのは初日と同様である。こうして、張り込みの翌々日にはモミ水分一五・五％で、水分ムラのないモミに仕上げることができる。もちろん、刈り取りが遅くなるほど乾燥時間は短縮されるし、その日の湿度によっても異なってくるのは当然である。

標準の乾燥速度では、モミの内外で水分差がつくのは避けられない。もしモミ水分を一五・五％に仕上げようとしたら、いったんは一五％以下までモミ水分を下げないと、水分の戻りで一五・五％という米の品質規格より高いモミ水分に戻ってしまう。ただし、一五％以下まで水分を下げると、食味は落ちる。食味を落とさないことを考えると、贅沢なようだが私のような乾燥法になってしまう。

また、乾燥速度を二段階にし、夜間は電源を切って二泊三日で仕上げるこの乾燥法にしてから、灯油の使用料は三分の一ほどに減った。湿度が高くなる夜間に乾燥をすすめようということ自体に、いかにむだが多いかということがわかる。

なお、モミすり作業は、モミの温度が気温と同じになったときに行なうと、肌ずれ米がなくなる。なぜかと言うと、モミ温度が高いまま行なうと、表面のヌカ層が乾燥しないうちにモミすりをすることになって、むけてしまうからである。その結果、酸化速度が早まり、食味を悪くしてしまう。

精米作業

耕　あれ？　サトちゃんってこんなにいろんな種類の米つくってたっけ？　白さでいえばオレのも負けてないよ！

サト　ハハハ、まぁ耕作くん、食べてみなよ。

耕　うーん、どれもおいしいねー。オレはちょっとこれ（左写真の上左）が好きだな。香りもいいし、噛めば噛むほど甘みが出てくる。これなんて米？

サト　ふっふっふ。耕作くん、全部オレが作ったコシヒカリだよ。精米の仕方を変えただけ。

耕　えー！　ウソでしょ？　味がぜんぜん違うよ。

サト　ウソじゃないよー。耕作くんが気に入ったのは五分づき米。あとは白米、七分づき米と胚芽米。同じ米だけど、精米の仕方でたまげるほど変わるんだ。おもしろいでしょ。

サトちゃんの目

ピッカピカ〝銀シャリ〟だけが米じゃない。胚芽はできるだけ残すべし、穀温は「ぬるい」程度にすべし、流量を減らしてから負荷を弱くすべし。

1. 精米では胚芽を残す　これ基本！

できるだけピッカピカに磨いて、真っ白な〝銀シャリ〟をつくればいいんだと思っている人が多いが、大きな間違い。磨きすぎた米なんて、おいしいところも栄養も全部削ってるんだから、うまいはずがない。実際に食べ比べてみればすぐにわかる。たとえ白米でもできるだけ胚芽は残す。これが私の精米の考え方だ。

胚芽を残した米は、同じ白米でも米粒の先っぽのほうにポツンと黄色っぽいのが残っている。そこがうまさの素。胚芽米だとちょっとクセが強すぎて、お客さんによっては好き嫌いがあるが、七分づき米、五分づき米はほんとうにうまい。

流量と白度調節ダイヤルでコントロール

上が流量を調節する目盛り，下は白度（負荷）の目盛り（右のダイヤルで調節する）。（ただし最近の精米機は流量調節の目盛りが機械の内側についているタイプが多い）

お気に入りの山本製作所製の縦型精米機

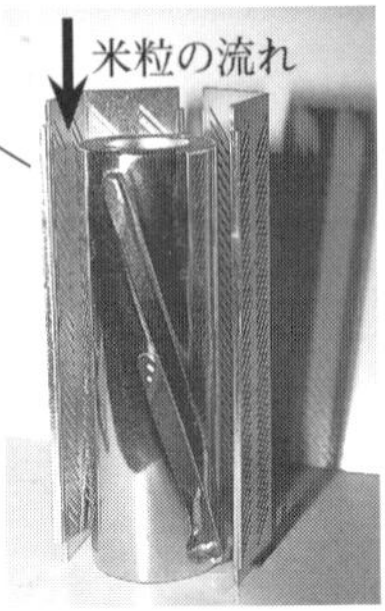

搗精網と中心の軸。この間を米粒が流れて精米する

2．精米後の穀温は「ぬるい」くらいで

玄米を精米すると米粒の温度（穀温）は上がる。より白くしようと磨くほど穀温が上がる。温度が上がるほど米の香りやうまみは飛んでいく。少なくとも、精米直後の米を手で触ったとき「ぬるい」と感じるくらいの温度で精米するのが基本だ。

では、精米機の「白度」（負荷）を調節するダイヤルを下げればいいか、というとそう単純にはいかない。うまく分づきにならないし、米にヌカが混じって落ちてくる。負荷が強いほど穀温が上がり、流量が多いほどヌカ切れが悪い。

3．流量を減らす→負荷を弱くの順で調整

精米機は、米の流量と排出口の負荷の強さを調節することで搗精室への米粒の詰め込み具合が変わり、米粒同士の摩擦でヌカ層を磨く仕組みになっている。

白くしようとして負荷を強くするほど米粒同士の摩擦が大きくなり、穀温も上がる。つまり、流量と負荷のバ

「分づき」精米のやり方

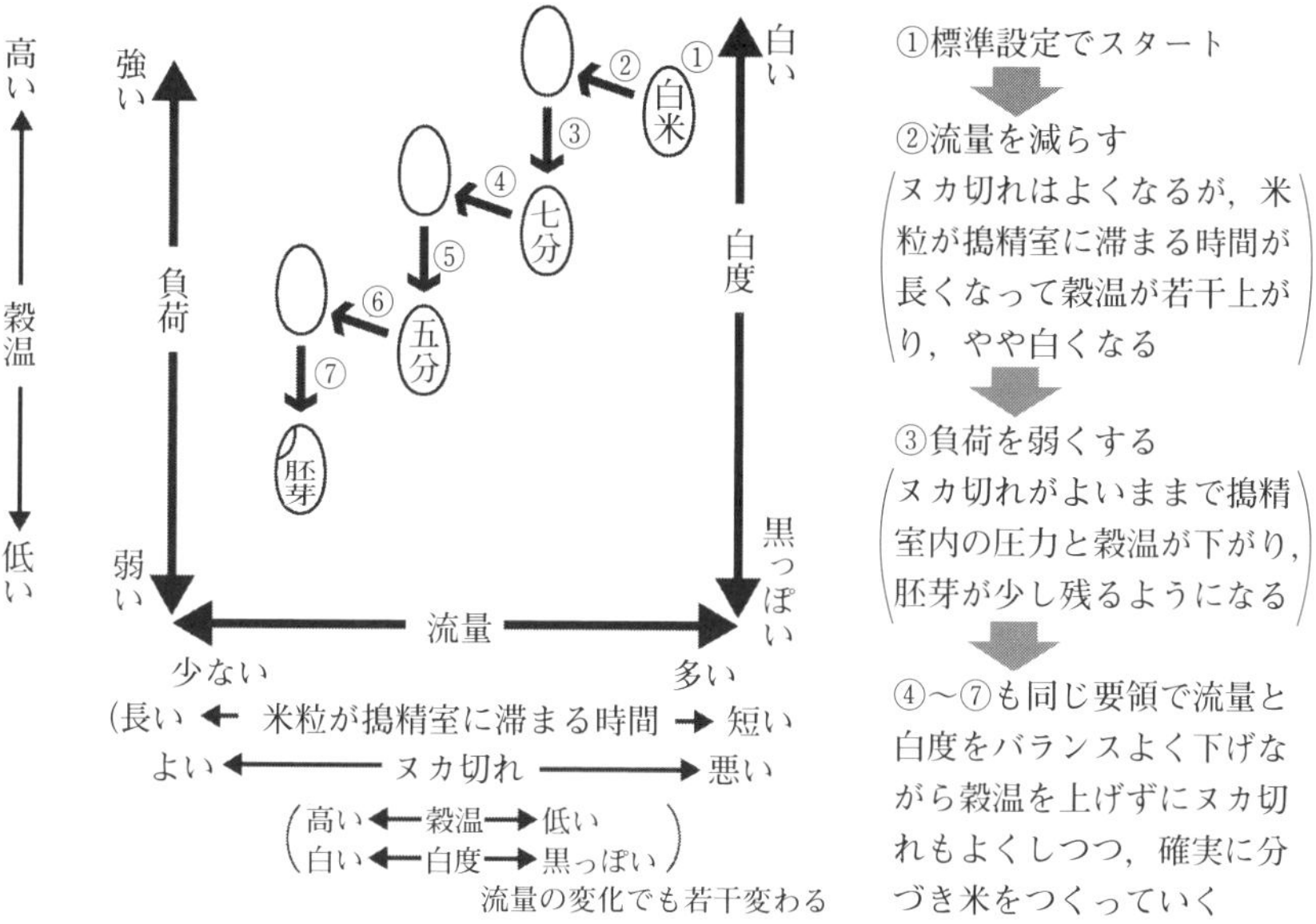
高い
穀温
低い
強い
負荷
弱い
白い
白度
黒っぽい
白米
七分
五分
胚芽
①
②
③
④
⑤
⑥
⑦
流量
少ない
多い
(長い ← 米粒が搗精室に滞まる時間 → 短い
よい ← ヌカ切れ → 悪い
(高い ← 穀温 → 低い)
(白い ← 白度 → 黒っぽい)
流量の変化でも若干変わる
①標準設定でスタート
②流量を減らす
(ヌカ切れはよくなるが，米粒が搗精室に滞まる時間が長くなって穀温が若干上がり，やや白くなる)
③負荷を弱くする
(ヌカ切れがよいままで搗精室内の圧力と穀温が下がり，胚芽が少し残るようになる)
④～⑦も同じ要領で流量と白度をバランスよく下げながら穀温を上げずにヌカ切れもよくしつつ，確実に分づき米をつくっていく

ランスをうまくとりながら精米するのがコツ。「流量と負荷のバランスをとる」と書くと難しそうだが、調節の手順を守れば大失敗はしない。

基本は負荷を弱くする前に、まず流量を落とす。そうすると一時的に穀温は上がるが、ヌカ切れはかなりよくなる。そしたら徐々に負荷を弱くして、目標の分づきになるまで白度を落としていけばいい。このやり方ならヌカ切れがいいまま負荷を弱くできるし、調整の間に白米が混ざることはあっても玄米が混ざることはない。

あとはちょくちょく米を手にとって穀温を感じながら上がり過ぎないように注意して、よく米粒の姿も見て微調整すること。実際にやってみると、精米機のダイヤルどおりにはならない。七分づきと五分づきの差は、ダイヤルが一目盛りカチッていうかどうかの微妙な差。しかし、その差が運命の分かれ道。自分で自分のマニュアルをつくる気持ちでやればいい。

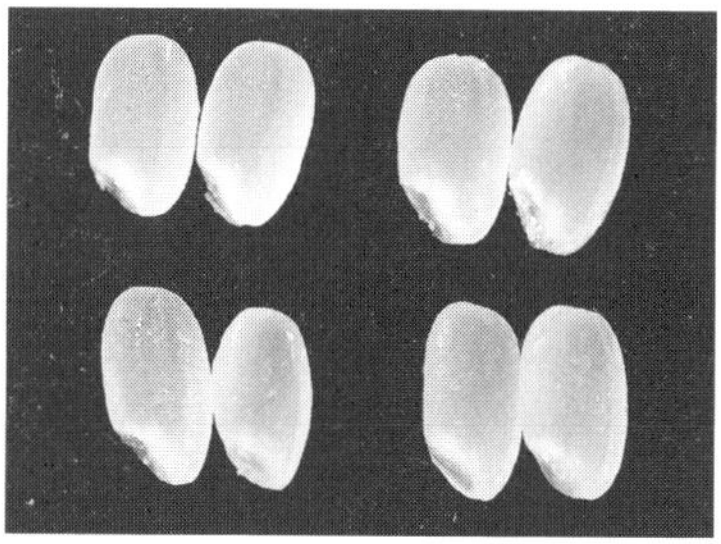
上段左から「五分づき」「胚芽米」
下段左から「白米」「七分づき」

胚芽を残しやすい摩擦式縦型精米機の仕組み

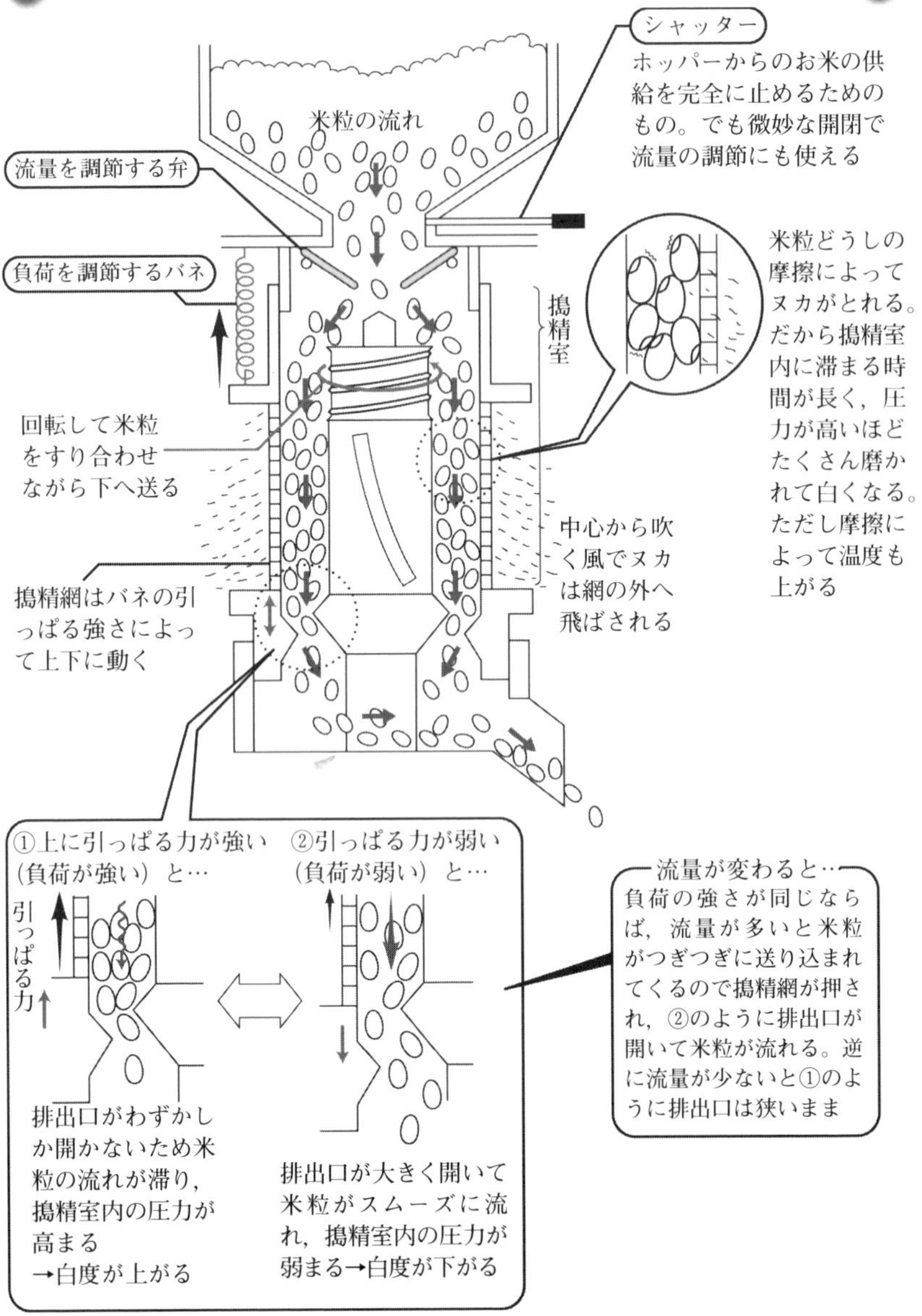
シャッター
ホッパーからのお米の供給を完全に止めるためのもの。でも微妙な開閉で流量の調節にも使える
米粒の流れ
流量を調節する弁
負荷を調節するバネ
搗精室
米粒どうしの摩擦によってヌカがとれる。だから搗精室内に滞まる時間が長く，圧力が高いほどたくさん磨かれて白くなる。ただし摩擦によって温度も上がる
回転して米粒をすり合わせながら下へ送る
中心から吹く風でヌカは網の外へ飛ばされる
搗精網はバネの引っぱる強さによって上下に動く
①上に引っぱる力が強い（負荷が強い）と…
引っぱる力
排出口がわずかしか開かないため米粒の流れが滞り，搗精室内の圧力が高まる
→白度が上がる
②引っぱる力が弱い（負荷が弱い）と…
排出口が大きく開いて米粒がスムーズに流れ，搗精室内の圧力が弱まる→白度が下がる
流量が変わると…
負荷の強さが同じならば，流量が多いと米粒がつぎつぎに送り込まれてくるので搗精網が押され，②のように排出口が開いて米粒が流れる。逆に流量が少ないと①のように排出口は狭いまま

暗渠掃除

耕　いやーやっと今年も終わりだね。あれ？　どうしたのサトちゃん。また田んぼ行くの？

サト　あぁ耕作くん、雪降る前に暗渠の掃除しちゃおうと思ってさ。

耕　ふーん。暗渠って自分で掃除できるんだ。知らなかった。

サト　え！？　ひょっとして耕作くん今まで暗渠の掃除やったことないの？　田んぼが湿ってたいへんじゃなかった？

耕　うん。機械がズブズブ沈んで苦労するけど、しょうがないんじゃないの？　うちの田んぼはそういう土質なんだから。

サト　何言ってんの！　暗渠は一年一度、必ず掃除すべし！　来年、全然違うんだから。

サトちゃんの目
暗渠が効いてない田んぼが多い。だから、早くから水を落としてコンバインを入れたり……。米はとれないし、イネだって弱る。暗渠掃除なんてワイヤー一本でできるんだから冬の定番作業に！

1．暗渠掃除はワイヤー一本通すだけ

暗渠の詰まりは、コメつくりの動脈硬化だ。冬の間に暗渠掃除をやっておかないと、トラクタやコンバインが田んぼに沈み込んで大騒ぎになる。

暗渠掃除はたいへん！　と思っているとしたら大きな間違い。じつに簡単にできる。

イネのない冬の間は当然暗渠の排水口は開けてある。そこからワイヤーを管のなかにスルスル入れていく。たまに管の継ぎ目にひっかかったりするから、ちょっと引いたり回転させたりしながらグッグッとさらに押し込んでいくと、ワイヤーが管の内側をかき回すように進んで、サビがどんどんとれる。サビがたまってたところがきれいになると、真っ赤な水が出てくる。それが、詰まっていたところが開通した証だ。

暗渠へのワイヤー挿入と管が詰まっているところの見つけ方

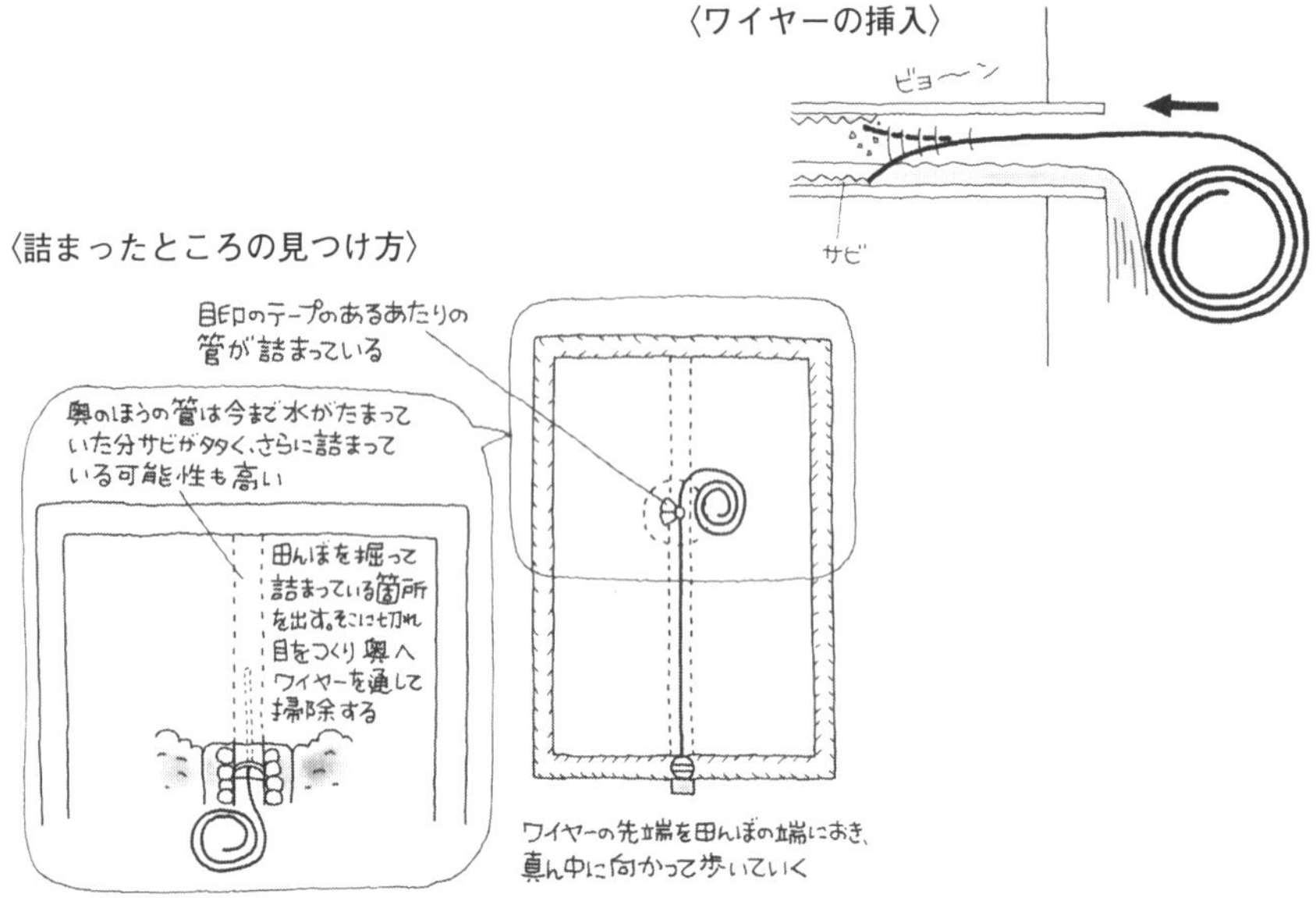
〈ワイヤーの挿入〉
ビョ〜ン
サビ
〈詰まったところの見つけ方〉
目印のテープのあるあたりの管が詰まっている
奥のほうの管は今まで水がたまっていた分サビが多く、さらに詰まっている可能性も高い
田んぼを掘って詰まっている箇所を出す。そこにも切れ目をつくり奥へワイヤーを通して掃除する
ワイヤーの先端を田んぼの端におき、真ん中に向かって歩いていく

うちはもともと水はけが悪いから、なんてあきらめるのはばかばかしい話だ。

2. 完全に詰まった箇所の修理法

暗渠が完全に詰まっているときは、排水口から入れたワイヤーを強く押しても先に進まなくなる。そんな場合は、手元のワイヤーに、目印のために適当なヒモかテープを縛っておく。そして、詰まった箇所の修理にとりかかる。

排水口からさしこんだワイヤーをいったん引き出す。田んぼの端にワイヤーの先端を置き、そこからワイヤーを伸ばしながら真ん中に向かって歩いていく。テープのついているあたりが詰まっている箇所で、その部分を掘って暗渠をさがしだす。

詰まる原因はいくつか考えられる。①サビでふさがっている、②管の上に大きい石があったりしてつぶされている、③土の乾湿の繰り返しで管が曲がっている、だいたいそんなところだ。

詰まった箇所を見つけたら、まずワイヤーが入るくらいの切れ目を暗渠に入れて、そこから掃除する。

このとき忘れてはいけないのが、詰まっていた箇所だ

簡単な暗渠の修理の仕方

〈暗渠の管に入れた切れ目〉

〈開通後の修理〉

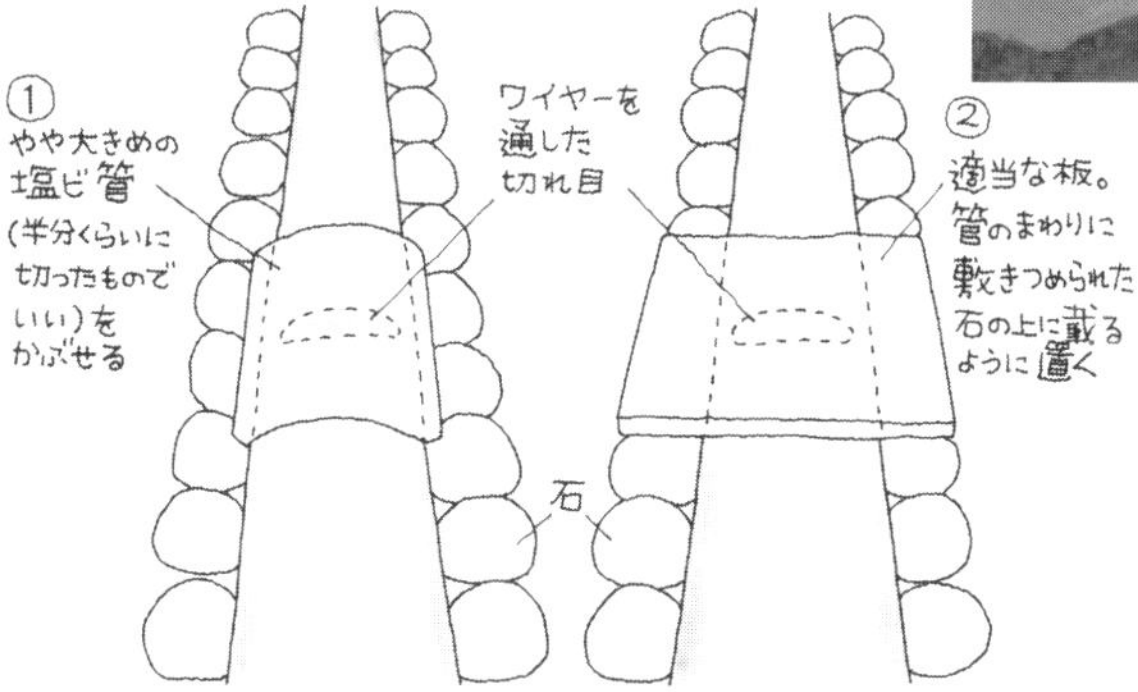
①
やや大きめの塩ビ管（半分くらいに切ったものでいい）をかぶせる
ワイヤーを通した切れ目
②
適当な板。管のまわりに敷きつめられた石の上に載るように置く
石

けではなくて、ずっと奥のほうまで掃除すること。一カ所詰まっていたということは、その奥は水が流れずに長期間たまっていたということ。水が流れていないところほどサビがたまりやすいから、ヘタしたら奥が全部サビで詰まっていることだってあり得る。

奥までひととおり掃除できれば、あとは切れ目の上を塩ビ管で覆ったり、板を載せてやるだけで修理はできる。そこまでやってもぜんぜん通らないようであれば重症である。そんな場合は暗渠を新しくしないといけないが、掃除もしないで暗渠を新しくするなんて、私のケチケチ精神が許さない。

3．最低一年に一度、定期的に掃除する

暗渠掃除は人間の定期健診と同じで、一年に最低一回はやったほうがいい。人間だってたくさんある血管のうち一カ所詰まったってだけで、体が麻痺したりするでしょ？　それと同じ。何本かしかない田んぼの管が詰まりでもしたら、それこそ致命傷である。掃除だけならイネがあるときだってできる。そうすれば田んぼも健康で、作業しやすい状態を維持できるでしょ。

スローで行こう――あとがきにかえて

農業を継いでイネをつくり続けるのは、生まれ育った北塩原村のこの地に暮らし続けるためだ。この地の自然の中で暮らすということだ。カッコよくいえば「スローライフ」、つまるところ、「家族の笑顔」を見たいからだ。むりはしない。ゆとりを生み出すためにどう作業の段取りを組み立てるか、また、いかに省力的に作業をこなすかを考えればいい。それは、経営も同じである。

わが家を訪ねてきた人は、牛の鳴き声に驚く。作業小屋の隣に牛舎があり、一頭の繁殖和牛「はな」がすんでおり、子育ての時期は子牛も一緒に「モ〜〜〜！」と鳴き声が響きわたる。親は「はな」、子は「はるか」。わが家では代々、その名前が引き継がれている。訪ねてくる人には、比較的大きくイネを栽培している専業農家にたった一頭だけの牛がいることが不思議に映るらしい。しかし私にとって、この一頭の繁殖和牛は欠かせない。牛がいるから、じつにうまく農作業と経営が回ってくれるからである。

有畜複合経営というと古くさく感じる人もいると思うが、どんなピカピカの機械も、この一頭の牛にはかなわない。アゼ草は飼料として生きるし、糞尿は堆肥となって、私の野菜つくりやイネつくりを助けてくれている。

和牛がいることで、嫌われるアゼ草刈りも、エサつくりの作業に変わる。生まれた子牛はボーナスをもたらしてくれる。子牛価格が下がったとはいえ、三〇万円以上には売れる。山の開拓畑には、わずかではあるが飼料用のトウモロコシも栽培し

「はな」ちゃんは家族の一員

転換ハウスの野菜が経営を強くしている

ているから、飼料代はほとんどかからない。しょっちゅう出入りする作業小屋の横だから、作業の合間にちょこちょこっとエサ給与。手間もほとんどかからない。それで、一日当たり一〇〇〇円の報酬をもたらしてくれる。

減反田に設置した間口五・四m×長さ約一〇〇mのハウス六棟（管理ハウスも含む）では、葉もの野菜、ハーブ、トマトなどの野菜を二回転、山の開拓畑ではトウモロコシ、それにレストランなどに直売するアーティチョークやズッキーニなどの西洋野菜、ブルーベリーを栽培する。これらの野菜による売り上げは、コメに匹敵するくらいに大きくなってきた。

米は、全量が米屋さんへの卸しである。自分で育てた米を、自分で一番おいしいと思うやりかたで届ける。開拓畑で栽培する西洋野菜はレストランなどへ直売である。妻の紀子さんと母が、ハウスにちょこちょこと種をまき、お客さんの注文にこまめに対応している。イタリア料理店のシェフなど、野菜のおいしさはもちろんだが、私の家族にもぞっこんだ。今や、一〇haの田んぼからあがるコメの収入と、野菜の収入とは肩を並べるほどになった。冬場に収入があるのがうれしい。

昨年の暮れ、念願のソーラー発電を始めた。四・二kW発電の設備だから、わが家で使用している電力をすべてまかなうというわけにはいかないが、まずは第一歩。どうせお金を使うなら、未来につながるおもしろい使い方のほうがいい。楽しみながらのコメの自給、野菜の自給から、やっとエネルギーの自給に踏み出した。今、暑い時期に屋根裏にこもる熱を使って発電できないものかと思案中である。

イネは楽しくつくろう。イネの持っている力にお任せする部分を増やしてラクになろう。せっかく機械があるのだから、うまく使って家族の苦労を減らそう。生まれたゆとりは、暮らしの場を豊かに楽しくしていくための力に変えよう。イネつくりの作業ごときで、もたもたしている場合じゃないよ。

「スローで行こう！」。それが、本書で私が伝えたかった「サトちゃん流合理的作業術」の未来である。

■著者略歴■

佐藤　次幸（さとうつぐゆき）

1952年，福島県北塩原村に，水田1.3haの兼業農家の長男として生まれる。1970年喜多方農業高校卒業後，3年間，冬の間川崎の工場に出稼ぎして機械工作を学ぶ。その後，公務員だった父を助けて農業の見習い期間を過ごす。

1980年，本格的に自分の目標に向かって営農を開始し，作業受託を始める。その後，イナ作に加えてハーブ栽培を始め，収穫したものは自分で販売する自立経営を展開する。

【現住所】
〒966-0404
福島県耶麻郡北塩原村大字北山字村ノ内4164番地
佐藤総合農園（代表　佐藤次幸）

【ホームページ】
「明るい未来に向かって」
http://www16.plala.or.jp/superfarm/

サトちゃんの
イネつくり 作業名人になる
―ラクに 楽しく 倒さない―

2009年3月25日　第1刷発行
2023年2月10日　第17刷発行

著者　佐藤次幸

発行所　一般社団法人　農山漁村文化協会
住　所　〒335-0022　埼玉県戸田市上戸田2-2-2
電　話　048(233)9351(営業)　048(233)9355(編集)
FAX　048(299)2812　振替　00120-3-144478
URL　https://www.ruralnet.or.jp/

ISBN978-4-540-08290-0　DTP制作／(株)農文協プロダクション
〈検印廃止〉　印刷・製本／凸版印刷(株)